高等学校计算机专业教材·算法与程序设计

Python
程序设计实验教程

以医药数据处理为例

潘　蕾　武小川　**主编**

苏　静　张洁玉　**副主编**

清华大学出版社

北京

内 容 简 介

本书与《Python 程序设计——以医药数据处理为例》配套出版，紧扣理论教程知识点，对实验教学进行规划和指导，提供上机操作练习，并对理论教材内容进行扩展与补充。本书既强化了针对全国计算机等级考试考点的训练，又重视对医药数据处理能力的培养，实现了 Python 全国计算机二级考试知识点全覆盖，涵盖理论教程医药数据处理案例的设计与实现，并提供人工智能在医药数据分析与处理前沿应用的实战训练。

本书对有医药数据处理与分析需求的从业人员和医药类院校学生均具有参考价值，可作为医药相关专业学生的 Python 程序设计实验指导书或教师参考用书，也可作为其他综合性大学的程序设计语言课程的教材。

图书在版编目(CIP)数据

Python 程序设计实验教程：以医药数据处理为例/潘蕾，武小川主编. —北京：清华大学出版社，2022.10（2024.2重印）

高等学校计算机专业教材.算法与程序设计

ISBN 978-7-302-61857-7

Ⅰ.①P…　Ⅱ.①潘…②武…　Ⅲ.①软件工具－程序设计－高等学校－教材　Ⅳ.①TP311.561

中国版本图书馆 CIP 数据核字(2022)第 175861 号

责任编辑：张　玥　常建丽
封面设计：常雪影
责任校对：郝美丽
责任印制：刘海龙

出版发行：清华大学出版社
　　　　网　　　址：https://www.tup.com.cn，https://www.wqxuetang.com
　　　　地　　　址：北京清华大学学研大厦 A 座　　　　邮　　编：100084
　　　　社　总　机：010-83470000　　　　邮　　购：010-62786544
　　　　投稿与读者服务：010-62776969，c-service@tup.tsinghua.edu.cn
　　　　质量反馈：010-62772015，zhiliang@tup.tsinghua.edu.cn
　　　　课件下载：https://www.tup.com.cn,010-83470236
印 装 者：天津鑫丰华印务有限公司
经　　销：全国新华书店
开　　本：185mm×260mm　　　印　张：16　　插　页：1　　字　数：396 千字
版　　次：2022 年 12 月第 1 版　　　印　次：2024 年 2 月第 3 次印刷
定　　价：48.50 元

产品编号：095166-02

前　　言

继国务院的《新一代人工智能发展规划》、教育部的《教育信息化 2.0 行动计划》等文件颁布之后,国务院又印发了《全民科学素质行动规划纲要(2021—2035 年)》,这些文件从多角度、多层面强调了高等教育阶段培养大学生人工智能能力和科研素质的重要性。医药产业作为世界贸易增长最快的朝阳产业之一,同时也是一个关系民生的重要的基础性和战略性产业。人工智能在医药领域的应用给医药行业带来了巨大的变革,从学术界到产业界,智慧医药的研发势头强劲。人工智能与医药产业的融合进一步提升了对当代高等教育人才培养的要求。

Python 作为人工智能领域排名第一的高级程序设计语言,已经成为当代大学生必备的人工智能信息技术基础。《Python 程序设计实验教程——以医药数据处理为例》与《Python 程序设计——以医药数据处理为例》配套出版,紧扣理论教程知识点,强化针对全国计算机等级考试考点的训练,以医药数据处理为情境开展 Python 应用实战介绍,注重对医药数据处理综合能力的培养。既实现了 Python 全国计算机二级考试知识点全覆盖,又涵盖理论教程医药数据处理实战案例的设计与实现,为读者提供了人工智能在医药数据分析与处理前沿应用的实战训练。

本书包含与理论教程配套的 8 组实验,分别是初识 Python、初识 Python 程序、基本数据类型、程序的控制结构、函数、组合数据类型、文件和第三方库。每组实验均包含实验目的、知识点解析、实验内容和实验解析 4 个模块。其中实验内容大多由基本概念题、简单操作题、综合应用题和医药案例题组成,基本概念题、简单操作题、综合应用题构成了 Python 编程基础的实验内容指导;医药案例题则是 Python 在医药数据处理领域热点研究问题中的高级应用实例的实验指导部分,内容紧贴行业发展最前沿,使学生能够举一反三,提高自主解决问题的能力。实验解析模块仅提供基本概念题解析和医药案例题参考答案。本书配套电子资源提供了教师和学生两个版本,其中教师版包含全部练习所需原始资源文件和参考代码,学生版仅包含练习所需原始资源文件和医药案例题参考代码。本书附录中还提供了全国计算机等级考试二级 Python 语言程序设计考试大纲(2022 年版)及两套等级考试模拟题。

本书由潘蕾、武小川、苏静、张洁玉共同编写。其中实验 1、实验 2、附录 B、附录 C 由张洁玉编写,实验 3、实验 4 由潘蕾编写,实验 5、实验 6 由苏静编写,实验 7、实验 8、附录 A 由武小川编写,全书由潘蕾、武小川统编定稿。本书在出版过程中,得到赵鸿萍教授、侯凤贞教授、张艳敏副教授、刘新昱老师和古锐老师的支持和帮助,还得到清华大学出版社张玥编辑的大力支持,在此表示诚挚的感谢。

由于编者水平有限,加上编写时间仓促,书中难免有欠缺或不当之处,恳请各位同仁不吝赐教!

编　者
2022 年 4 月

目　　录

实验 1　初识 Python

本实验主要学习 Python 解释器的下载与安装方法,熟悉 IDLE 集成开发环境以及 Python 程序的运行方式和书写规范。

1.1　实 验 目 的

- 掌握 Python 解释器的下载与安装方法。
- 熟悉 IDLE 集成开发环境。
- 掌握 Python 程序的编辑和运行方式。
- 掌握 Python 程序的基本书写规范。

1.2　知 识 点 解 析

1.2.1　Python 概述

Python 是由荷兰人 Guido 于 1989 年发明的一种面向对象的解释型计算机程序设计语言。Python 是开源软件,简单易学,开发高效,广泛运用于科学计算、图像分析、网络数据获取以及大数据处理等多个领域,成为人工智能、数据分析时代的首选语言。

Python 作为一种高级编程语言,具有很多优点,如:

① 简单易学、入手很快;

② 使用 Python 开发程序,不需要支付任何费用,无须担心版权问题;

③ Python 可以自由地在多种平台间进行移植;

④ Python 扩展性好,开发效率高,拥有非常多的第三方库,功能强大,可满足不同需求;

⑤ Python 采用强制缩进格式表示代码从属关系,可读性强且易维护。

1.2.2　Python 集成开发环境

1. Python 集成开发环境的配置

集成开发环境是指用于提供程序开发环境的应用程序,一般包括代码编辑器、编译器、调试器和图形用户界面等工具。它集成了代码编写、分析、编译和调试等功能。IDLE 是 Python 的一种基本开发环境,要求大家熟练掌握。在使用 Python 进行编码前,需要安装 IDLE,其下载和安装方法如下。

① 在浏览器中打开 Python 主页 https://www.python.org;

② 单击 Downloads 选项卡后打开下载界面,根据计算机的操作系统找到对应的 Python 安装文件。如以 Windows 操作系统为例,可以看到最近几个版本的 Python 下载链接。考虑到版本稳定性的因素,本书以 Windows 的 64 位操作系统为例,选择 Python 3.8.7

版本进行安装。

2. Python 程序代码的编辑和运行方式

Python 的启动和编辑方式有两种，即 Windows 命令行启动和编辑、IDLE 启动和编辑。

• Windows 命令行启动和编辑

在 Windows 命令行窗口中可以启动 Python 交互式编辑模式。方法为：打开"命令提示符"窗口，在该窗口中输入 Python，按 Enter 键后即可进入 Python 编辑模式。此时，用户可以看到窗口中的"＞＞＞"提示符，在该符号后可以直接输入 Python 语句，如图 1.1 所示。

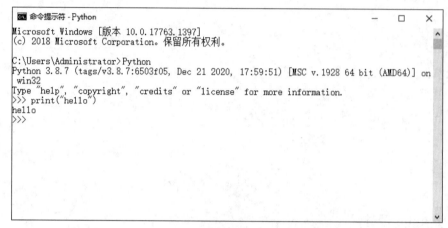

图 1.1　从"命令提示符"窗口进入 Python 交互环境

• IDLE 启动和编辑

在计算机的"开始"菜单中单击 Python 3.8 菜单，再选择 IDLE 子菜单，即可启动 IDLE。在该环境中，Python 代码又有两种编辑方式，即"交互式"和"文件式"。

启动 IDLE 后，即进入一个交互式的 Python 运行环境，如图 1.2 所示。用户在"＞＞＞"提示符后输入代码，按 Enter 键即可运行该语句。交互式运行方式利用 Python 解释器即时响应用户输入的代码并输出运行结果。"交互式"编辑方式适用于少量代码调试的情况，输入 exit()或者 quit()可以退出该模式。

```
IDLE Shell 3.8.7                                              —  □  ×
File  Edit  Shell  Debug  Options  Window  Help
Python 3.8.7 (tags/v3.8.7:6503f05, Dec 21 2020, 17:59:51) [MSC v.1928 64 bit (A
MD64)] on win32
Type "help", "copyright", "credits" or "license()" for more information.
>>> |




                                                                    Ln: 3  Col: 4
```

图 1.2　IDLE Shell 中的 Python 交互式运行环境

在图 1.2 所示的界面中,打开 File 菜单中的 New File 子菜单,或直接使用快捷键 Ctrl+N 打开一个新窗口,该窗口即"文件式"编辑界面,它是一个 IDLE 提供的代码编辑器,如图 1.3 所示。代码编写完成后,可以选择菜单中的"Run→Run Module"命令运行代码,也可以通过菜单中的"File→Save"命令将文件保存成扩展名为 py 的 Python 文件存档。

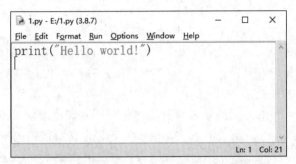

图 1.3　IDLE Shell 中的 Python 文件式运行环境

1.2.3　Python 程序的基本书写规范

为了规范 Python 代码的书写,提高代码的可读性,编写程序时应该遵守以下基本书写规范。

① Python 语句采用严格的缩进格式表明包含和层次关系,单层缩进的代码在格式上被之前最邻近的一行非缩进代码所包含,缩进可以通过空格或 Tab 键实现,Backspace 键实现回退;

② Python 要求同一级别的语句必须绝对对齐,在语句起始位置处不能随便插入空格;

③ Python 多条语句可以写在同一行,语句之间用";"分隔,但为了增强代码的可读性,逻辑性不同或没有直接关联的多条语句尽量不要写在同一行;

④ Python 中,当一条语句较长,无法在一行写完时,可以在行末输入续行符"\",在第二行接着输入该条语句的内容。

1.3　实验内容

1.3.1　基本概念题

1. Python 语言属于(　　)。
　　A. 机器语言　　　　　　　　　　　　B. 汇编语言
　　C. 高级语言　　　　　　　　　　　　D. 科学计算语言

2. 下列选项中,不属于 Python 特点的是(　　)。
　　A. 适用于人工智能领域　　　　　　　B. 运行效率高
　　C. 可读性好　　　　　　　　　　　　D. 开发效率高

3. 关于 Python 语言的特点,以下选项描述错误的是(　　)。
　　A. Python 语言是脚本语言　　　　　　B. Python 语言是非开源语言
　　C. Python 语言是跨平台语言　　　　　D. Python 语言是多模型语言

4. 以下说法不正确的是(　　　　)。

　　A. 静态语言采用解释方式执行,脚本语言采用编译方式执行

　　B. C 语言是静态语言,Python 语言是脚本语言

　　C. 编译是将源代码转换成目标代码的过程

　　D. 解释是将源代码逐条转换成目标代码,同时逐条运行目标代码的过程

5. 拟在屏幕上打印"Hello World",以下选项正确的是(　　　　)。

　　A. print(Hello World)　　　　　　　　　　B. print('Hello World')

　　C. printf('Hello World')　　　　　　　　　D. printf("Hello World")

6. 以下选项中,不是 Python 语言特点的是(　　　　)。

　　A. 强制可读:Python 语言通过强制缩进体现语句间的逻辑关系

　　B. 变量声明:Python 语言具有使用变量需要先定义后使用的特点

　　C. 平台无关:Python 程序可以在任何安装了解释器的操作系统环境中执行

　　D. 黏性扩展:Python 语言能够集成 C、C++ 等语言编写的代码

7. IDLE 环境的退出命令是(　　　　)。

　　A. exit()　　　　　　B. esc()　　　　　　C. close()　　　　　　D. Enter 键

8. Python 文件的扩展名是(　　　　)。

　　A. py　　　　　　　B. pdf　　　　　　　C. png　　　　　　　D. pptx

9. Python 语言的主网站网址是(　　　　)。

　　A. https://www.python.org/　　　　　　B. https://www.python123.io/

　　C. https://pypi.python.org/pypi　　　　　D. https://www.python123.org/

10. 以下选项中,不是 Python IDE 的是(　　　　)。

　　A. PyCharm　　　　　　　　　　　　　B. Spyder

　　C. R Studio　　　　　　　　　　　　　D. Jupyter Notebook

11. 在 IDLE 交互环境中,用于执行 Python 命令的是(　　　　)。

　　A. run　　　　　　　B. do　　　　　　　C. 空格键　　　　　　D. Enter 键

12. 关于 Python 程序设计语言,下列说法错误的是(　　　　)。

　　A. Python 是一种面向对象的编程语言

　　B. 代码只能在交互式环境中编辑和运行

　　C. Python 具有丰富和强大的库

　　D. Python 是一种解释型的程序设计语言

13. 以下对 Python 程序缩进格式描述错误的选项是(　　　　)。

　　A. 不需要缩进的代码顶行写,前面不能留空白

　　B. 缩进可以用 Tab 键实现,也可以用多个空格实现

　　C. 严格的缩进可以约束程序结构,可以多层缩进

　　D. 缩进是单纯用格式美化 Python 程序的

14. 以下关于 Python 语句的叙述,正确的是(　　　　)。

　　A. 同一层次的 Python 语句必须对齐

　　B. Python 语句的首字符必须大写

　　C. 在执行 Python 语句时,可发现注释中的拼写错误

　　D. Python 程序的每行只能写一条语句

15. 以下叙述中正确的选项是(　　)。

　　A. Python 3.X 和 Python 2.X 兼容

　　B. Python 语言只能以命令行方式执行

　　C. Python 语言有 100 多个第三方库

　　D. Python 语言是解释执行的,因此执行速度比编译型语言慢

1.3.2　简单操作题

1. 下载并安装 Python 解释器

要求：在计算机上下载并安装 IDLE,熟悉 IDLE 集成开发环境。请按照下述步骤完成。

实验步骤：

(1) 打开 Python 主页 https://www.python.org,如图 1.4 所示。

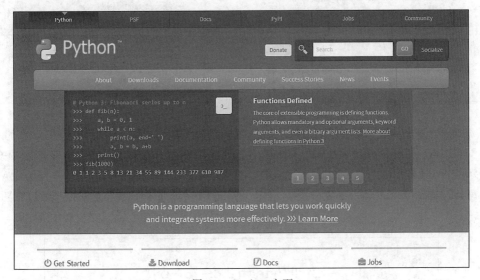

图 1.4　Python 主页

(2) 选中 Downloads 选项卡,进入 Python 语言解释器下载界面,如图 1.5 所示。

图 1.5　Python 语言解释器下载界面

该界面提供了不同操作系统对应的 Python 安装文件，用户下载 Python 解释器安装程序时，需要根据自身计算机的操作系统进行选择。以 Windows 操作系统为例，图 1.5 中的最新版本为 Python 3.9.6，单击"Python 3.9.6"按钮，即可下载该安装程序。

考虑到版本稳定性的因素，本书以 Windows 的 64 位操作系统为例，选择 Python 3.8.7 版本进行安装。单击图 1.5 中 Downloads 菜单中的 Windows 按钮，打开如图 1.6 所示的 Python 所有版本下载界面。在 Python 版本列表中找到 Python 3.8.7，单击 Python 3.8.7 版本中 64-bit 对应的链接，即可将解释器的安装文件下载到本地。

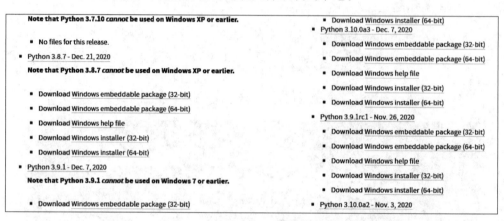

图 1.6　Python 所有版本下载界面

安装 Python 解释器时，首先进入如图 1.7 所示的界面。在该界面中，请勾选图中矩形框所示的"Add Python 3.8 to PATH"选项，将 Python 3.8 添加到系统的环境变量 PATH 中。另外，选择"Customize installation"（自定义安装）方法，进入下一步的安装界面，如图 1.8 所示。

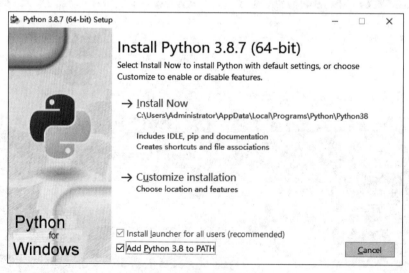

图 1.7　安装过程界面 1

在该界面中，所有选项默认选中，直接单击 Next 按钮，进入下一步界面，如图 1.9 所示。

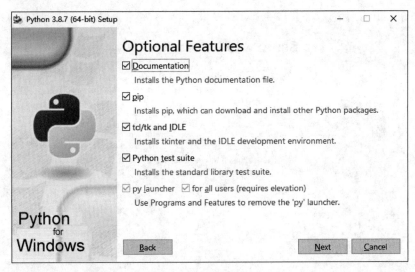

图 1.8　安装过程界面 2

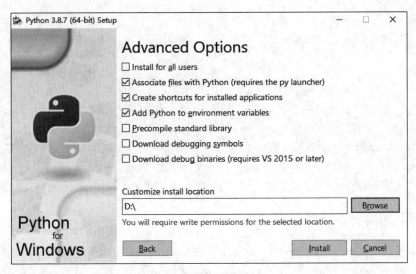

图 1.9　安装过程界面 3

在该界面中,勾选 Advanced Options 中的 3 个选项(见图 1.9)。在下方的 Customize install location 处选择合适的安装路径,然后单击 Install 按钮开始安装即可。

安装成功后将显示如图 1.10 所示的界面。

Python 解释器自带两个重要的工具,即 IDLE(Integrated Development Environment,集成开发环境)和 pip 第三方库管理工具。IDLE 用来编辑和调试 Python 代码,pip 具有对 Python 第三方库的查找、下载、安装和卸载功能。

2. 按要求运行程序

要求:分别用交互式和文件式两种方式,编辑并运行 print 语句。

实验步骤:

交互式代码如下。

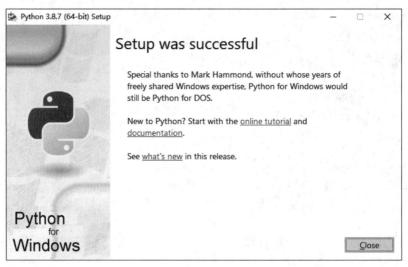

图 1.10　安装成功界面

```
>>> print('Life is short.')
Life is short.
>>> print("You need python.")
You need python.
>>> print('''人生苦短,我用 Python.''')
人生苦短,我用 Python.
>>> print('Life "is" short.')
Life "is" short.
>>> print("You 'need' Python.")
You 'need' Python.
```

文件式代码如下。

```
print('Life is short.')                   #单引号
print("You need Python.")                  #双引号
print('''人生苦短,我用 Python.''')           #三单引号
print('Life "is" short.')
print("You 'need' Python.")
```

注意：在 Python 中,以"#"开头的信息称为注释,是程序员在代码中加入的说明信息,不被解释器解释与执行。

提示：单引号、双引号和三单引号都可以作为字符串的界定符,并且不同的界定符之间可以相互嵌套,如文件式代码的第四行和第五行。第四行代码中,字符串内部本身就包含了一对双引号,因此最外层的界定符就不能再用双引号,此时用了一对单引号。同理,第五行代码中字符串内部本身包含了一对单引号,则最外层的界定符用了双引号。

1.3.3　综合应用题

完成以下 5 道综合应用题,并且每道题目分别采用交互式和文件式两种方法进行编辑和运行。

1. 根据用户输入的学生姓名和课程名称,输出相应的鼓励语句

要求:用户输入学生姓名和课程名称,程序运行结果如下。

```
请输入学生姓名和课程名称,并用中文逗号分开:王小山,Python
王小山同学,努力学习 Python 啊!
```

分析:采用 input()函数从键盘输入学生姓名和课程名称,再利用 print()函数输出结果。

实验步骤:

1)程序代码

交互式代码如下。

```
>>> info = input("请输入学生姓名和课程名称,并用中文逗号分开:").split(",")
请输入学生姓名和课程名称,并用中文逗号分开:王小山,Python
>>> print("{}同学,努力学习{}啊!".format(info[0],info[1]))
王小山同学,努力学习 Python 啊!
```

文件式代码如下。

```
info = input("请输入学生姓名和课程名称,并用中文逗号分开:").split(",")
print("{}同学,努力学习{}啊!".format(info[0], info[1]))
```

2)保存并运行程序

保存文件式编辑的结果为文件 PY10301.py,运行程序,验证程序的正确性并观察程序执行效果。

3)提示

本题中,利用 input()函数同时输入两个量(学生姓名和课程名称),这两个量组成一个字符串,如'王小山,Python'。再采用 split()函数结合中文逗号间隔符将字符串转换成列表,学生姓名和课程名称这两个字符串是列表的两个元素,即['王小山', 'Python'],此时 info[0]为'王小山',info[1]为'Python'。最后通过格式化函数 format()结合 print()函数将结果输出。

题目中涉及的字符串、列表以及 input()、print()、split()、format()等函数的知识点在后续的学习中将会陆续学到,可以先通过此例略微了解。

2. 计算前 n 个正整数的和

要求:用户输入一个正整数 n 的值,求前 n 个正整数的和,程序运行结果如下。

```
请输入正整数 n 的值:10
前 10 个正整数的和是 55
```

分析：由 input()函数从键盘输入正整数 n 的值，然后采用循环结构 while 完成从 1 累加到 n 的计算，累加和存入一个变量 s 中。最后通过 print()函数输出变量 s 的值。

实验步骤：

1）程序代码

交互式代码如下。

```
>>> n = int(input("请输入正整数 n 的值:"))
请输入正整数 n 的值:10
>>> s=0
>>> i=1
>>> while i<=n:
        s=s+i
        i=i+1
>>> print("前",n,"个正整数的和是",s)
前 10 个正整数的和是 55
```

文件式代码如下。

```
n = int(input("请输入正整数 n 的值:"))
s = 0
i = 1
while i <= n:
    s = s + i
    i = i + 1
print("前",n,"个正整数的和是",s)
```

2）保存并运行程序

保存文件式编辑的结果为文件 PY10302.py，运行程序，验证程序的正确性并观察程序执行效果。

3）提示

本例采用一个循环结构执行累加的操作，特别注意，在交互式环境下输入循环结构时，需严格按照缩进关系输入代码，当循环体内的一行语句输入完毕，按 Enter 键可继续输入循环体内的下一条语句，当循环结构语句全部输入完毕后，需按两次 Enter 键表示该结构输入完毕，命令行再次出现"＞＞＞"提示符，此时方可继续输入循环语句块后的其他语句。

3. 按要求打印"＄"符号

要求：读取 3 个位于 1～10 的正整数，每读取一个值，程序打印出该值个数的 ＄。程序结果如下。

```
输入一个正整数:3
$$$
输入一个正整数:6
$$$$$$
输入一个正整数:2
$$
```

分析：利用 input()函数从键盘输入 3 次数据,每次输入 1 个正整数,该正整数控制输出"＄"的个数。本题采用 for 循环结构实现,输出依然采用 print()函数完成。

实验步骤：

1) 程序代码

交互式代码如下。

```
>>> for i in range(3):
        print('$' * eval(input('输入一个正整数：')))
输入一个正整数：3
$$$
输入一个正整数：6
$$$$$$
输入一个正整数：2
$$
```

文件式代码如下。

```
for i in range(3):
    print('$' * eval(input('输入一个正整数：')))
```

2) 保存并运行程序

保存文件式编辑的结果为文件 PY10303.py,运行程序,验证程序的正确性并观察程序执行效果。

3) 提示

本例中重复输入 3 次数据并打印相应结果的过程通过 for 循环结构实现,每次均由 eval()函数嵌套 input()函数将输入的字符类型转换成数字类型的数据。"＄"符号重复多次依靠表达式'$' * n 完成,其中 n 表示重复的次数。

4. 判断一个整数是否在 0～100(包括 0 和 100)

要求：输入一个整数,判断其是否在 0～100,并输出结论。程序运行结果如下。

```
请输入一个正整数：60
输入的正整数小于 100!
```

分析：用 input()函数从键盘输入一个正整数,比较这个正整数与 100 的关系,若这个正整数大于 100,则输出"输入的正整数大于 100!";若这个正整数小于 100,则输出"输入的正整数小于 100!";若这个正整数刚好是 100,则输出"输入的正整数刚好是 100!"。根据大小关系选择不同的结果输出,本题中采用多分支结构 if-elif-else 语句实现,输出依然采用 print()函数完成。

实验步骤：

1) 程序代码

交互式代码如下。

```
>>> num = eval(input("请输入一个正整数："))
```

```
请输入一个正整数:60
>>> if num < 100:
        print("输入的正整数小于 100!")
elif num == 100:
        print("输入的正整数刚好是 100!")
else:
        print("输入的正整数大于 100!")
输入的正整数小于 100!
```

文件式代码如下。

```
num = eval(input("请输入一个正整数:"))
if num < 100:
        print("输入的正整数小于 100!")
elif num == 100:
        print("输入的正整数刚好是 100!")
else:
        print("输入的正整数大于 100!")
```

2）保存并运行程序

保存文件式编辑的结果为文件 PY10304.py,运行程序,验证程序的正确性并观察程序执行效果。

3）提示

本例中的分支结构包含严格的缩进格式,应特别注意在交互式环境下输入该结构的方法,if、elif 和 else 这 3 个关键字顶格书写,3 条 print 语句缩进书写,整个分支语句块结束后,按 Enter 键表示该结构输入已完成。此时程序代码也全部输入完毕,继续按一次 Enter 键,输出程序运行结果。

5. 分别输出字符串中奇数位置和偶数位置的字符

要求:输入一个字符串,运行程序后分别将奇数位置和偶数位置的字符输出。程序运行结果如下。

```
请输入字符串:adsyccdse
奇数位置的字符有: ascde
偶数位置的字符有: dycs
```

分析:对字符串中某些子串的检索称为字符串切片。字符串中的每个字符都有对应的索引号,从左往右序号从 0 开始正向递增,从右往左序号从 −1 开始反向递减。因此,本题可以采用字符串切片配合字符的索引号取出相应的子字符。首先,通过 input()函数接收用户输入的字符串,再利用字符串切片方式分别取出奇数位置和偶数位置的字符。

实验步骤:

1）程序代码

交互式代码如下。

```
>>> s = input("请输入字符串:")
请输入字符串:adsyccdse
>>> print("奇数位置的字符有:",s[0::2])
奇数位置的字符有: ascde
>>> print("偶数位置的字符有:",s[1::2])
偶数位置的字符有: dycs
```

文件式代码如下。

```
s = input("请输入字符串:")
print("奇数位置的字符有:",s[0::2])
print("偶数位置的字符有:",s[1::2])
```

2）保存并运行程序

保存文件式编辑的结果为文件 PY10305.py,运行程序,验证程序的正确性并观察程序执行效果。

3）提示

字符串切片格式[m:n:k]中 3 个位置的参数分别代表取子串操作时的起始位置、终止位置和步长,其中终止位置默认在字符串的结尾。本例中,奇数位置对应的字符索引号从 0 开始,偶数位置从 1 开始,步长均为 2。

1.3.4　课后思考题

1. 请思考并至少列出 Python 语言的 5 个特点。

2. 请思考交互式和文件式两种编码运行方式的区别,以及它们各自的优缺点。

3. 请观察并思考 print()函数是如何实现打印输出的。

1.4　实验解析

基本概念题解析

1. 答案：C

解析：程序设计语言包含 3 大类,分别为机器语言、汇编语言和高级语言。其中,机器语言是操作码对应特定机器的指令集,使用二进制表示操作码和操作对象;汇编语言又称助记符语言,即用助记符代替机器指令的操作码,用地址符号或标号代替指令或操作数的地址;高级语言是一种面向用户的、基本上独立于计算机种类和结构、接近自然语言的计算机语言。Python 是一种高级程序设计语言,故本题选择 C 选项。

2. 答案：B

解析：Python 拥有种类丰富、功能强大的众多第三方库,提供了大量的机器学习代码库和框架,非常适用于人工智能领域的研发。Python 代码结构简洁清晰,可读性好,完成同样功能时,一般情况下 Python 代码量少于其他编程语言,因而开发效率较高。但 Python 语言是一种以解释方式运行的脚本语言,运行效率稍低,故本题选择 B 选项。

3. 答案：B

解析：Python 是一种语法简洁的脚本语言，可以在任何安装了解释器的计算机中运行，因此不经过任何修改，就能实现跨平台执行。Python 语言是多模型语言，同时支持面向过程和面向对象两种编程方式。Python 是开源语言，故本题选择 B 选项。

4. 答案：A

解析：编译和解释是两种不同的执行方式。编译是将源代码一次性转换成目标代码的过程，类似于笔译的全文翻译；解释是源代码一条条进行转换并同时逐条运行的过程，类似于口译中的同声传译。Python 语言是以解释方式执行的脚本语言，属于动态语言，而静态语言采用编译方式执行，故本题选择 A 选项。

5. 答案：B

解析：打印输出函数为 print()，且输出内容作为函数的参数需放在引号中。printf()不是 Python 中的合法函数，故本题选择 B 选项。

6. 答案：B

解析：Python 语言是被广泛应用的高级通用脚本语言，属于动态语言。动态语言中变量的数据类型在运行时才会检查，因而变量不需要提前定义。Python 具有很多特点，如与平台无关，可跨平台执行；黏性扩展，可集成多种不同语言编写的代码，通过接口和函数库等将其整合在一起；强制可读，通过强制缩进体现语句间的逻辑关系，单层缩进的一行在逻辑关系上从属于之前最邻近的一行非缩进代码，以此提高程序的可读性和可维护性，故本题选择 B 选项。

7. 答案：A

解析：退出 IDLE 环境的命令为 exit()或 quit()，故本题选择 A 选项。

8. 答案：A

解析：Python 文件式编码方式可以将代码存为一个文件，该文件的扩展名为 py。pdf 是 PDF 演示稿的扩展名，png 是一种图像文件的扩展名，pptx 是 PowerPoint 演示文稿的扩展名，故本题选择 A 选项。

9. 答案：A

解析：Python 语言的主网站网址是 https://www.python.org/。选项 C 是查找和安装 Python 第三方库的网址。选项 B 对应的网站是 Python 123 教学辅助平台，Python 123 课程体系是由嵩天老师课程团队与中国大学 MOOC、网易云课堂联合开设的公开课，该平台支持全国计算机二级 Python 考试自学与备考，还向合作教师与高校提供精品教学资源和全系列课程内容等，故本题选择 A 选项。

10. 答案：C

解析：Python 的集成开发环境有很多种，包括 PyCharm、Spyder 以及 Jupyter Notebook 等。其中 Jupyter Notebook 是一个交互式笔记本，支持运行 40 多种编程语言，Spyder 是 Anaconda(一个开源的 Python 发行版本)自带的编辑器，R Studio 是 R 语言的集成开发环境，故本题选择 C 选项。

11. 答案：D

解析：IDLE 交互环境中，用户输入代码后，按 Enter 键即可执行命令，故本题选择 D 选项。

12. 答案：B

解析：Python 代码可以在交互式环境中编辑和运行,也可以在代码编辑器中以文件的方式编辑和运行,故本题选择 B 选项。

13. 答案：D

解析：Python 中利用严格缩进格式表示代码块的从属关系,使得代码可读性强,也容易维护,故本题选择 D 选项。

14. 答案：A

解析：Python 用缩进格式表示代码从属关系,如果是同一层次的代码,必须对齐；Python 语句中的字符大小写是有区别的,但不规定首字符大写；被注释的语句不参与程序执行,若拼写错误,则无法通过运行程序发现；Python 允许多条语句写在同一行,故本题选择 A 选项。

15. 答案：D

解析：Python 3.X 和 Python 2.X 是不兼容的,相对于以前的版本,Python 3.X 是一个较大的升级；Python 语言可以通过命令行执行,也可以通过文件方式执行；Python 语言拥有数十万个第三方库；Python 是典型的解释型编程语言,执行速度相对编译型语言较慢,故本题选择 D 选项。

实验 2　初识 Python 程序

本实验主要学习 Python 的基本语法、程序设计方法、输入/输出常用的 3 个函数、标准库 turtle 的使用方法，以及计算两个化合物相似度的案例。

2.1　实　验　目　的

- 掌握 Python 的基本语法，包括语法元素、语句和标识符的命名规则等。
- 了解程序设计方法：面向过程和面向对象。
- 掌握输入/输出常用的 3 个函数，即 input()、eval() 和 print()。
- 掌握 turtle 标准库的使用方法，学习其常用的函数，包括绘图窗口函数、画笔控制函数和形状绘制函数等。
- 掌握计算两个化合物相似度案例的设计与实现方法。

2.2　知　识　点　解　析

2.2.1　程序设计方法

程序设计是为了解决某一类问题而使用某种程序设计语言编写程序代码，最终得到结果的一个过程。常见的程序设计方法有面向过程设计方法和面向对象设计方法。

1. 面向过程设计方法

面向过程的设计方法也称为结构化程序设计，其基本思想是"自顶向下"进行模块划分，把复杂的大问题分解为多个简单的小问题，即模块化程序设计。程序按照功能划分成多个基本的子模块，每个模块都是用函数实现的。因此，面向过程的程序设计要考虑如何将整个程序分解为一个个函数、函数之间如何调用、每个函数如何实现等问题。这种设计方法使得程序具有清晰的层次结构，容易阅读和理解，但是，当模块（即函数）越来越多时，模块间的调用关系将会越来越复杂，程序容易出错，而且一旦出错，很难查找。

2. 面向对象设计方法

面向对象的设计思想是尽可能地模拟现实世界。现实世界是由各种不同事物组成的，一切事物都可以看作对象。因此，面向对象的程序设计就是要分析待解决的问题中包含哪些对象，每一类对象有什么特点，能完成什么动作，不同类的对象之间有什么关系，它们互相之间有什么作用。

Python 是一种支持面向对象程序设计的语言。面向对象程序设计方法涉及的基本概念有对象、类、封装、继承和多态等。若某些对象具有共同特征，就可以将其归纳集中起来，抽象后形成"类"。属性是对事物静态特征的描述，方法是对事物动态特性即行为的描述。形成"类"的过程其实就是"封装"。若已经建立了一个类 A，又想建立一个类 B，类 B 比类 A

多一些属性和方法,则以类 A 为基础,使得类 B 从类 A 中派生出来,类 B 拥有类 A 所有的属性和方法,并且能够对类 A 进行扩展,从而达到代码重用的目的,这就是"继承"机制。在继承关系的前提下,实例化出不同的对象,这些对象调用相同的方法,但是方法表现出不同的行为,这就叫作"多态"。

2.2.2 Python 基本语法

Python 基本语法包括语法元素、语句和标识符的命名规则等内容。

1. 语法元素

Python 语法元素有库、关键字/保留字、常量、变量、运算符、函数、对象和类等。

• 库

库是一组具有相关功能的函数和类的集合,通常写在同一个 py 文件中,文件名即库名。Python 中的库包含两类:一类是解释器自带的标准库;另一类是第三方库。标准库随Python 安装包一起发布,用户可以随时使用。Python 第三方库的数量目前已有数十万之多,但它们并非全部采用 Python 语言编写,采用其他语言编写的库可以经过简单接口封装后被 Python 语言调用。

• 关键字/保留字

Python 预先定义了一部分有特定含义的单词,在程序代码中这些单词有固定的用途,它们被称为关键字或者保留字。关键字不能被作为代码中的变量、函数、类或者模块的名字使用,否则程序会出错。Python 版本不同,预留的关键字会发生一些变化。

• 常量、变量

常量就是在程序运行过程中值始终保持不变的量,变量则是在程序运行过程中值随时都可以发生变化的量,以符号的形式出现,能够通过赋值方式被修改。

在 Python 语言中,变量使用前不必预先声明,可以直接使用,随时赋值。

• 运算符

Python 支持的运算符包括如下几种:数值运算符、比较(关系)运算符、赋值运算符、逻辑运算符、位运算符、成员运算符和身份运算符。

① 数值运算符:＋、－、＊、/、//、％、＊＊、＋(单目取正符号)、－(单目取负符号);

② 比较(关系)运算符:＝＝、!＝、＞、＜、＞＝、＜＝;

③ 赋值运算符:＝;

④ 逻辑运算符:or、and、not;

⑤ 位运算符:&(与)、|(或)、^(异或)、＞＞(右移)、＜＜(左移)、~(取反);

⑥ 成员运算符:in、not in;

⑦ 身份运算符:is、is not。

使用运算符时,应注意其优先级的顺序。

• 函数

函数是一段具有特定功能的代码,可以重复调用执行,调用时直接使用函数名即可。若需要对函数进行修改,只在函数定义处修改一次,所有调用该函数的地方都会对应更新后的功能。因此,函数可以降低编程难度,增加代码的复用性,提高代码的维护效率。

- 对象和类

现实中的实体都可以看作对象,而类是具有相同属性和方法的对象的集合,属性描述对象的特征,方法描述对象的行为方式。类是对象的抽象,对象是类的实例。在 Python 中,一切皆可看作对象。

2. 语句

Python 中包含的基本语句如下。

- 引入库

无论使用标准库还是第三方库,在使用库之前一定要先使用 import 关键字将其导入。导入方法一般有 3 种,如:

① **import <库名>**

② **from <库名> import** *

③ **import <库名> as <别名>**

- 赋值语句

赋值语句的作用是计算赋值号右端表达式的值,将其赋给赋值号左端的变量。在 Python 中用符号"="表示"赋值"。另外,判断是否相等的关系运算符使用"==",注意不要混淆。

- 注释语句

程序代码中,注释是辅助性的文字,不参与代码的执行,常用于解释代码的原理和功能,或标明作者和版权信息,有时也会通过注释一部分代码对程序进行调试。Python 语言通过"#"或'""'符号标记注释内容,'""'标记在整段内容的前后。使用注释符号时,注意符号均需在英文状态下输入。

3. 标识符的命名规则

在 Python 中,采用字母、数字、下画线和汉字等字符及其组合对变量或其他程序元素进行命名。命名时需注意以下事项。

① 数字不能作为首字符,并且名字中间不能出现空格;

② Python 对字母大小写敏感,如 Mycode 和 mycode 是两个不同的标识符;

③ 标识符的名字不能与关键字(或保留字)相同;

④ 从编程习惯和兼容性角度考虑,一般不建议采用中文等非英文字符命名。

2.2.3 基本的输入/输出方法

Python 中基本的输入/输出方法主要通过 3 个重要的函数实现,分别为 input()、eval() 和 print()。

1. input()函数

input()函数的功能是提示用户从键盘输入内容,并接收输入的信息,以字符串类型返回给程序。通常需要指定一个变量接收返回结果,其调用格式如下。

<变量> = input("提示文字")

2. eval()函数

eval()函数的功能是去掉括号内字符串参数的最外层引号,并按照 Python 语句形式执行去掉引号后的内容。若去掉引号后为正确表达式,则执行表达式得出结果;若不是正确表达式,则终止程序并报错。eval()函数的调用格式如下。

<变量> = eval(字符串)

3. print()函数

print()函数用于在屏幕上输出一个或多个表达式的值,该函数的调用格式如下。

print(value, …, sep = ' ', end = '\n')

使用 print()函数时,需注意 sep 参数以及 end 参数的用法。sep 为输出对象分隔符,end 为输出结束标记。由于 end 参数默认赋值为换行符,因此利用 print()函数输出内容时会执行换行操作,如果不希望本次输出后进行换行,或者希望输出后添加其他内容,则可以对 end 参数进行相关设置。

2.2.4 turtle 库的使用方法

turtle 库是 Python 中重要的标准库之一,它能够进行基本的图形绘制。turtle 库绘图框架中有一只小海龟,它的起始位置是横轴为 x、纵轴为 y 的坐标系原点,图形绘制就是靠这只小海龟爬行的路径完成的。

下面简单介绍一下 turtle 库绘图的基础知识。

1. 绘图坐标系

turtle 库的绘图区域中,默认有一个坐标原点为区域中心的坐标轴,坐标原点上有一只面向 x 轴正方向(即水平向右)的小海龟。绘图区域的大小和在屏幕上的初始位置可以由用户自行设置。

2. 绘图窗口函数

• setup()函数

setup(width,height,startx,starty),定义了绘图区域的宽、高,以及在屏幕上的位置。其中,参数的单位一般是像素值。

• forward()函数

forward(distance)(别名 **fd(distance)**),使小海龟沿着当前面朝的方向前进指定的 distance 距离。

• backward()函数

backward(distance)(别名 **bk(distance)**),使小海龟沿着当前面朝方向的反方向行进指定的 distance 距离。

• goto()函数

goto(x,y),使小海龟移动到一个指定的位置(x,y)。

• right()函数

right(angle),改变小海龟的朝向为当前方向右侧 angle 度,注意 angle 的角度是相对值,是相对当前小海龟的朝向而言的。

• left()函数

left(angle),使小海龟的绘制方向改变为当前方向的左侧 angle 度,同样,angle 的角度是相对值。

- setheading()函数

setheading(angle)(别名 **seth(angle)**),使小海龟转过 angle 角度的方向,angle 角度是针对小海龟的初始朝向(水平向右)的绝对值。

- home()函数

home(),将小海龟移动到坐标系原点,方向为初始状态方向。

3. 画笔控制函数

- penup()函数

penup()(别名 **pu()**),提起画笔,移动画笔时经过的路径不留痕迹。

- pendown()函数

pendown()(别名 **pd()**),放下画笔,移动画笔时经过的路径留下痕迹,从而绘制出图形。

- pensize()函数

pensize(width),设置画笔的尺寸,通过 width 可以改变当前绘制线条的宽度。

- colormode()函数

colormode(value),设置画笔 RGB 颜色的表示模式,value 值可为 1.0 或 255。

- pencolor()函数

pencolor(colorstring) 或 **pencolor((r,g,b))**,设置画笔的颜色。

- color()函数

color(colorstring1,colorstring2) 或 **color((r1,g1,b1),(r2,g2,b2))**,两个参数分别设置画笔颜色和绘制图形的填充色。

- begin_fill()、end_fill()函数

begin_fill()在开始绘制拟填充颜色的图形前调用,end_fill()则在填充完颜色后调用,end_fill()与 begin_fill()配对使用。

- bgcolor()函数

bgcolor(colorstring) 或 **bgcolor((r,g,b))**,设置绘图区域的背景颜色。

4. 形状绘制函数

- circle()函数

circle(radius,extent),绘制一个弧形,radius 为弧形半径,extent 是弧形张开的角度,如果 extent 缺省,则默认绘制整个圆形。

2.3 实 验 内 容

2.3.1 基本概念题

1. 执行如下代码:

```
import turtle as t
for i in range(20,100,20):
    t.penup()
    t.goto(0,-i)
    t.pendown()
    t.circle(i)
```

在 Python Turtle Graphics 中绘制的图形是(　　)。

 A. 太极   B. 同切圆

 C. 同心圆   D. 笛卡儿心形

2. 以下选项中,不是 Python 语言关键字的是(　　)。

 A. if   B. for   C. in   D. goto

3. 下面代码的输出结果是(　　)。

```
x = 2
x *= 3 + 5 ** 2
print(x)
```

 A. 56   B. 33   C. 16   D. 31

4. 以下选项中,不是 Python 语言合法命名的是(　　)。

 A. MyCpu2   B. MyCpu_   C. MyCpu   D. 2MyCpu

5. 给出如下代码:

```
>>> x = 3.14
>>> eval('x + 10')
```

上述代码的输出结果是(　　)。

 A. 系统报错

 B. TypeError：must be str, not int

 C. 3.1410

 D. 13.14

6. Python 中需要使用 pip 指令安装的库是(　　)。

 A. turtle   B. time   C. random   D. requests

7. 以下关于 Python 缩进的描述,错误的是(　　)。

 A. 缩进表达了所属关系和代码块的从属范围

 B. 缩进是可以嵌套的,从而形成多层缩进

 C. 判断、循环、函数等都能通过缩进包含一批代码

 D. Python 用严格的缩进表示程序格式框架,所有代码都需要在行前至少加一个空格

8. 关于 import 引用,以下选项描述错误的是(　　)。

 A. import 关键字用于导入模块或者模块中的对象

 B. 使用 import turtle 引入 turtle 库

 C. 可以使用 from turtle import setup 引入 turtle 库

 D. 使用 import turtle as t 引入 turtle 库,取别名为 t

9. 关于 Python 语言的注释,以下选项描述错误的是(　　)。

 A. Python 语言有两种注释方式:单行注释和多行注释

 B. Python 语言的单行注释以♯开头

 C. Python 语言的单行注释以单引号'开头

D. Python 语言的多行注释以三个单引号'''开头和结尾

10. 下列 Python 关键字中,不用于表示分支结构的是(　　)。

    A. if   B. in   C. else   D. elif

11. 在 Python 函数中,用于获取用户输入的函数是(　　)。

    A. get()   B. eval()   C. input()   D. print()

12. 以下关于 Python 程序语法元素的描述,正确的选项是(　　)。

    A. 缩进格式要求程序对齐,增添了编程难度

    B. Python 变量名允许以数字开头

    C. true 是 Python 的关键字

    D. 所有 if、while、def、class 语句后面都要用":"结尾

13. 在 Python 语言中,用来表示代码块所属关系的语法是(　　)。

    A. 花括号   B. 括号   C. 缩进   D. 冒号

14. Python 语言中,以下表达式输出结果为 11 的选项是(　　)。

    A. print(eval("1"+"1"))   B. print(eval("1")+eval("1"))

    C. print(1+1)   D. print(eval("1+1"))

15. 表达式 3 + 5 % 6 * 2 // 8 的值是(　　)。

    A. 5   B. 4   C. 6   D. 7

16. 以下选项中,不是 IPO 模型的一部分的是(　　)。

    A. Input   B. Program   C. Output   D. Process

17. 以下关于程序设计语言的描述,错误的选项是(　　)。

    A. Python 解释器把 Python 代码一次性翻译成目标代码,然后执行

    B. 机器语言直接用二进制代码表达指令

    C. Python 是一种通用编程语言

    D. 汇编语言是直接操作计算机硬件的编程语言

18. 下列选项中,可以获取 Python 中输出函数帮助的是(　　)。

    A. dir(print)   B. help(print)   C. help(input)   D. dir(output)

19. 下列关于 Python 程序格式的描述,正确的是(　　)。

    A. 注释可以从一行中的任意位置开始,这一行都会作为注释不被执行

    B. 缩进行的代码前有留白部分,用来表示层次关系,使代码更加整洁,利于阅读,
       所有代码都需要在行前至少加一个空格

    C. Python 语言不允许在一行的末尾加分号,这会导致语法错误

    D. 一行代码的长度如果过长,可以使用反斜杠"\"续行

20. 关于赋值语句,以下选项描述错误的是(　　)。

    A. 赋值语句采用符号"="表示

    B. 赋值与二元操作符可以组合,例如"+="

    C. a,b = b,a 可以实现 a 和 b 的值互换

    D. a,b,c = b,c,a 是不合法的

21. 在一行上写多条 Python 语句使用的符号是(　　)。

    A. 分号   B. 冒号   C. 逗号   D. 点号

22. 执行下面的程序后,用户输入 20,输出结果是(　　　)。

```
x = input()
print(type(x))
```

　　A. ＜class 'int'＞　　　　　　　　　　B. ＜class 'str'＞
　　C. ＜class 'list'＞　　　　　　　　　　D. ＜class 'dict'＞

23. 表达式 type(eval('45'))的结果是(　　　)。
　　A. ＜class 'float'＞　　　　　　　　　B. ＜class 'str'＞
　　C. None　　　　　　　　　　　　　　D. ＜class 'int'＞

24. turtle.circle(−30,180)的执行结果为(　　　)。
　　A. 绘制一个半径为 30 的圆,圆心在小海龟左侧
　　B. 绘制一个半径为 30 的半圆,圆心在小海龟左侧
　　C. 绘制一个半径为 30 的圆,圆心在小海龟右侧
　　D. 绘制一个半径为 30 的半圆,圆心在小海龟右侧

25. 设置 turtle 绘图区域大小的函数是(　　　)。
　　A. turtle.window()　　　　　　　　　B. turtle.setup()
　　C. turtle.pensize()　　　　　　　　　D. turtle.shape()

26. 执行 turtle.colormode(255)函数后,设置 turtle 绘图区域背景为红色的是(　　　)。
　　A. turtle.color(255,0,0)　　　　　　B. turtle.bgcolor(1.0,0,0)
　　C. turtle.pencolor(255,0,0)　　　　　D. turtle.bgcolor(255,0,0)

27. (　　　)是 turtle 绘图区域坐标系的绝对 0 度方向。
　　A. 绘图区域正下方　　　　　　　　　B. 绘图区域正上方
　　C. 绘图区域正左方　　　　　　　　　D. 绘图区域正右方

28. (　　　)一定不能改变 turtle 画笔的朝向。
　　A. seth()　　　　　B. left()　　　　　C. bk()　　　　　D. right()

29. turtle.goto(x,y)的含义为(　　　)。
　　A. 以目前坐标为原点,画一个边长为 x 和 y 的矩形
　　B. 画笔提起,移动到(x,y)的位置
　　C. 按照画笔的当前状态,将画笔移动到坐标为(x,y)的位置
　　D. 将目前原点移动到(x,y)的位置

30. turtle.color("red","yellow")命令中定义的颜色分别为(　　　)。
　　A. 画笔为红色,填充为黄色　　　　　B. 画笔为黄色,背景为红色
　　C. 填充为红色,画笔为黄色　　　　　D. 背景为黄色,画笔为红色

2.3.2　简单操作题

1. 交换两个变量的值
要求:已知两个变量的值,通过编码完成两个变量值的交换。程序运行效果如下。

```
交换前:x= 10 y= 20
交换后:x= 20 y= 10
```

分析：Python 中允许用一条赋值语句同时给多个变量赋值，因此，可以通过简单的赋值语句完成变量值的交换。

实验步骤：

1）添加并完善程序代码

新建文件，输入以下代码，填写正确代码以替换横线，不修改其他代码，实现题目功能。

```
x = 10
y = 20
print("交换前:x=",x,"y=",y)
_____
print("交换后:x=",x,"y=",y)
```

2）保存并运行程序

将文件保存为 PY20201.py，运行程序，验证程序的正确性并观察程序执行效果。

3）提示

本例中可以直接利用一条 Python 赋值语句给多个变量同步赋值，以此完成变量值的交换，请思考能否通过引入第三个变量完成原变量值的交换。

2. 按要求格式输出变量的值

要求：已知两个变量的值，输出时

（1）两个值分别在不同的行，即换行输出；

（2）两个值在同一行，并且用";"进行分隔。

程序运行效果如下。

```
10
20
10;20
```

分析：输出动作通过 print()函数完成，该函数带有 sep 和 end 两个参数，sep 参数控制输出内容之间的分隔符号，end 参数设置执行完一个 print 语句后打印的符号。

实验步骤：

1）添加并完善程序代码

新建文件，输入以下代码，填写正确代码以替换横线，不修改其他代码，实现题目功能。

```
a = 10
b = 20
_____      #换行输出
_____      #输出在同一行,并且用";"将 a 和 b 的值进行分隔
```

2）保存并运行程序

将文件保存为 PY20202.py，运行程序，验证程序的正确性并观察程序执行效果。

3）提示

换行输出时，可以用两个 print()函数分别打印 a 和 b，两条 print 语句写在同一行，用分

号";"进行分隔;也可以通过 sep 参数设置 a 和 b 之间的分隔符为换行符"\n",实现换行。a 和 b 的值输出在同一行,并且用";"分隔时,方法不唯一,请思考如何通过设置 sep 和 end 参数写出不同的代码来完成该任务。

3. 绘制等边三角形

要求：使用 turtle 库中的 turtle.fd() 函数和 turtle.seth() 函数绘制一个边长为 100 的等边三角形,程序运行效果如图 2.1 所示。

分析：绘制等边三角形时,每绘制一条边前,需要将画笔的转向调至一定的方向,再利用 fd() 函数前进边长的距离,即可完成绘制。

实验步骤：

1) 添加并完善程序代码

新建文件,输入以下代码,填写正确代码以替换横线,不修改其他代码,实现题目功能。

```
import turtle
for i in range(3):
    _____         #调整画笔转向
    turtle.fd(100)
```

2) 保存并运行程序

将文件保存为 PY20203.py,运行程序,验证程序的正确性并观察程序执行效果。

3) 提示

本例中,绘制等边三角形的每一条边之前,先调整画笔的方向,再执行 fd() 函数绘制边长,这一过程是反复执行的,因此可以利用循环结构完成。调整画笔转向时,题目要求用 seth() 函数完成,因此需要思考每次画笔旋转的绝对角度值。

4. 绘制正方形

要求：使用 turtle 库中的 turtle.fd() 函数和 turtle.seth() 函数绘制一个边长为 200 的正方形,程序运行效果如图 2.2 所示。

图 2.1　实验 20203 绘制等边三角形　　　图 2.2　实验 20204 绘制正方形

分析：绘制正方形时,每绘制一条边时,先利用 fd() 函数前进 200 的距离,再将画笔的转向调至一定的方向,即可完成绘制。

实验步骤：

1) 添加并完善程序代码

新建文件,输入以下代码,填写正确代码以替换横线,不修改其他代码,实现题目功能。

```
import turtle
```

```
for i in range(4):
    turtle.fd(200)
    _____                    #调整画笔转向
```

2）保存并运行程序

将文件保存为 PY20204.py，运行程序，验证程序的正确性并观察程序执行效果。

3）提示

本例中，画笔初始状态为水平向右，利用 fd() 函数前进 200 即可画出第一条边，再调整画笔转向，绘制下一条边，以此类推，直到绘制完四条边。调整画笔转向时，题目要求用 seth() 函数完成，需要确定每次画笔旋转的绝对角度值。

5. 绘制正五边形

要求：使用 turtle 库中的 turtle.fd() 函数和 turtle.seth() 函数绘制一个边长为 200 的正五边形，程序运行效果如图 2.3 所示。

分析：绘制正五边形时，每绘制一条边前，需要将画笔的转向调至一定的方向，再利用 fd() 函数前进 200 的距离，即可完成绘制。

实验步骤：

1）添加并完善程序代码

新建文件，输入以下代码，填写正确代码以替换横线，不修改其他代码，实现题目功能。

```
import turtle
d = 72                            #设置画笔初始的转角
for i in range(5):
    turtle.seth(d)                #使画笔转过绝对角度 d
    turtle.fd(200)                #绘制一条边
    _____                    #下次转角前，重新计算绝对角度 d
```

2）保存并运行程序

将文件保存为 PY20205.py，运行程序，验证程序的正确性并观察程序执行效果。

3）提示

本例中，调整画笔转向时采用的函数为 seth()，即每次转过的角度都为绝对角度。还可以思考，如果不设置初始角度 72°，是否能利用 seth(360/5 * i) 完成画笔的每次转向？

6. 绘制五角星

要求：使用 turtle 库中的 turtle.right() 函数和 turtle.fd() 函数绘制一个边长为 200 的五角星，并设置画笔颜色为黑色，五角星内部填充色为黄色，程序运行效果如图 2.4 所示。

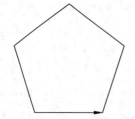

图 2.3　实验 20205 绘制正五边形

图 2.4　实验 20206 绘制五角星

分析：绘制五角星时，与前面绘制正多边形的方法类似，绘制每一条边时先利用 fd() 函数前进 200 的距离，再调整画笔的转向，即可完成绘制。设置画笔颜色及形状内部填充色，需要利用 color() 函数完成。

实验步骤：

1）添加并完善程序代码

新建文件，输入以下代码，填写正确代码以替换横线，不修改其他代码，实现题目功能。

```
import turtle
turtle.color(____,____)          #设置画笔颜色和五角星内部的填充色
turtle._____                  #形状填充颜色开始

for i in _____:               #循环结构
    turtle.fd(_____)          #设置画笔前进距离
    _____                     #设置画笔的转向
turtle.end_fill()                #形状填充颜色结束
```

2）保存并运行程序

将文件保存为 PY20206.py，运行程序，验证程序的正确性并观察程序执行效果。

3）提示

五角星的 5 个外角均为 144°，可以利用 right() 函数设置画笔的朝向。在利用 color() 函数进行画笔颜色和形状填充颜色设置时，可直接采用颜色字符串。五角星内部填充颜色在绘制五角星代码的前后分别使用 begin_fill() 和 end_fill() 函数来实现。

7. 绘制太阳花

要求：使用 turtle 库中的 turtle.fd() 函数和 turtle.left() 函数绘制一个边长为 200 的黄底红边太阳花，程序运行效果如图 2.5 所示。

分析：太阳花图形有 36 条边，每个内角的角度为 10°，用 left() 函数控制转角，结合 fd() 函数前进 200 的距离，即可完成绘制。

实验步骤：

1）添加并完善程序代码

新建文件，输入以下代码，填写正确代码以替换横线，不修改其他代码，实现题目功能。

图 2.5　实验 20207 绘制太阳花

```
import turtle
turtle.color(____,____)
turtle.____                      #形状填充颜色开始
for i in range(36):
    turtle.fd(____)
    turtle.left(____)            #设置画笔的转向
turtle.end_fill()
```

2) 保存并运行程序

将文件保存为 PY20207.py,运行程序,验证程序的正确性并观察程序执行效果。

3) 提示

太阳花图形的 36 个内角均为 10°,利用 left( ) 函数设置画笔的朝向时转过的角度应该为 170°。

8. 绘制圆形

要求:使用 turtle 库中的 turtle.color( ) 函数和 turtle.circle( ) 函数绘制一个黄底黑边的圆形,半径为 50,程序运行效果如图 2.6 所示。

分析:绘制圆形需要用到 circle(radius, extent)函数。绘制完整圆形时,extent 参数不需要设置,radius 参数为半径值。

实验步骤:

1) 添加并完善程序代码

新建文件,输入以下代码,填写正确代码以替换横线,不修改其他代码,实现题目功能。

```
import turtle as t
t.color('black','yellow')
t._____                          #形状填充颜色开始
t.circle(_____)                  #函数 circle()的参数设置
t._____                          #形状填充颜色结束
```

2) 保存并运行程序

将文件保存为 PY20208.py,运行程序,验证程序的正确性并观察程序执行效果。

3) 提示

绘制圆形时,注意 circle( )函数中半径为正和为负时的区别。

9. 绘制正六边形

要求:使用 turtle 库中的 fd( ) 函数和 right( ) 函数绘制一个边长为 100 的正六边形,再用 circle( ) 函数绘制半径为 60 的红色圆内接正六边形,程序运行效果如图 2.7 所示。

图 2.6　实验 20208 绘制圆形

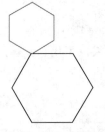

图 2.7　实验 20209 绘制正六边形

分析:绘制正六边形时,每次先用 fd( )函数前进 100 的距离,再利用 right( )函数将画笔的转向调至一定的方向,循环 6 次即可完成大正六边形的绘制。左上方小的红色边缘的圆内接正六边形的绘制可通过 circle( )函数完成。

实验步骤：

1）添加并完善程序代码

新建文件，输入以下代码，填写正确代码以替换横线，不修改其他代码，实现题目功能。

```
from turtle import *
pensize(5)
for i in range(6):
    fd(100)
    _____          #设置画笔的转向
pencolor(_____)    #设置画笔的颜色
circle(60, _____)  #设置 circle 函数的 steps 参数
```

2）保存并运行程序

将文件保存为 PY20209.py，运行程序，验证程序的正确性并观察程序执行效果。

3）提示

本例中，绘制完正六边形后还要在它左上方再绘制一个圆内接正六边形。圆内接正多边形可以通过设置 circle()函数的 steps 参数（即 steps＝6）完成。

10. 绘制苯环

要求：使用 turtle 库中的函数绘制一个苯环，外环边长为 100，内环边长为 80，程序运行效果如图 2.8 所示。

分析：导入 turtle 库，设置画笔尺寸。苯环分为内环和外环，首先绘制外环。外环为正六边形，可利用 fd()和 left()函数执行 6 次进行 6 条边的绘制。绘制完外环后，画笔回到初始位置。绘制内环前，画笔应该先移动到内环的起始位置处。首先利用 seth()函数将画笔转过 60°，并提起后移动一定的距离到达内环的起始位置，再转回原来的角度（绝对 0°），准备绘制内环。内环的 6 条边是间隔绘制的，即有 3 条边并不显示，因而绘制时根据奇偶边判断画笔为抬起状态还是落下状态。

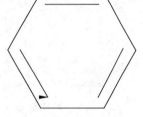

图 2.8 实验 20210 绘制苯环

实验步骤：

1）添加并完善程序代码

新建文件，输入以下代码，填写正确代码以替换横线，不修改其他代码，实现题目功能。

```
import turtle
turtle.pensize(5)
for i in range(6):
    _____                  #绘制外环的边，画笔向前移动边长的距离
    _____                  #画笔向左转过 60°
_____                      #画笔转过绝对角度 60°
turtle.penup()
turtle.fd(20)
turtle.seth(0)                #画笔回到绝对角度 0°，为绘制内环做准备
turtle.pendown()
```

```
for i in range(6):
    if i % 2 == 0:          #根据边的奇偶性决定画笔是抬起状态还是落下状态
                            #画笔抬起
        _____
    else:
                            #画笔落下
        _____
    turtle.fd(80)
    turtle.left(60)
```

2）保存并运行程序

将文件保存为 PY20210.py，运行程序，验证程序的正确性并观察程序执行效果。

3）提示

本例中，不管绘制外环的 6 条边还是绘制内环的 6 条边，都是一个反复执行相同语句的过程，因而采用了循环结构。另外，内环的 6 条边是间隔显示的，绘制需要显示的边时画笔要落下，否则画笔需要抬起，采用分支结构实现此功能。

2.3.3　综合应用题

1. 绘制正 N 边形

要求：利用 turtle 绘制正 N 边形。边数 N 由键盘输入指定（不小于 3），边长也由键盘输入给定。程序运行效果如图 2.9 所示，图中是一个边长为 30 的正十二边形。

分析：由于正 N 边形的边数和边长都是用户通过键盘输入的，因此，如果边数较多或者边长较长，可能使得正 N 边形在绘图区域的位置比较偏，甚至可能超出绘图区域，这就需要首先设定绘图区域的大小，然后再进行正 N 边形的绘制。绘制过程类似于前面题目中的绘制正三角形、正五边形等。

图 2.9　实验 20301 绘制正十二边形

实验步骤：

1）添加并完善程序代码

新建文件，输入以下代码，请在……处使用一行或多行代码替换，不修改其他代码，实现题目功能。

```
……
n = eval(input("请输入边数 N:"))       #输入正多边形边数
s = eval(input("请输入边长 S:"))       #输入正多边形边长
……
```

2）保存并运行程序

将文件保存为 PY20301.py，运行程序，验证程序的正确性并观察程序执行效果。

3）提示

设置绘图区域大小时应该采用 setup() 函数。程序接收键盘输入的边长和边数时，应该联合使用 input() 函数和 eval() 函数，利用 eval() 函数将 input() 函数返回的字符串转换成数值数据。绘制正多边形时，利用 for 循环结构完成，循环体中可采用 fd() 和 left() 函数控制画笔的行进和转向。

2. 绘制没有角的正方形

要求：利用 turtle 库函数绘制一个没有角的正方形，程序运行效果如图 2.10 所示。

分析：由图 2.10 可以看出，画笔首先抬起，然后向前移动一定距离，接着画笔落下，继续向前移动一定距离，之后画笔再次抬起并向前移动一定距离，这样就可以完成一整条边的绘制。画笔向左转 90°，重复刚才的步骤绘制另一条边，直到绘制完四条边后画笔回到起始位置。

实验步骤：

1）添加并完善程序代码

新建文件，输入以下代码，请在……处使用一行或多行代码替换，不修改其他代码，实现题目功能。

```
……
for i in range(4):
……
```

2）保存并运行程序

将文件保存为 PY20302.py，运行程序，验证程序的正确性并观察程序执行效果。

3）提示

本例中利用 for 循环完成图形绘制，每条边的绘制画笔都要经过抬起、落下和再抬起的过程，每次抬起后移动的距离都相等，并且等于落下时移动距离的一半。

3. 绘制交叉三环图形

要求：利用 turtle 绘制交叉三环图形，程序运行效果如图 2.11 所示。

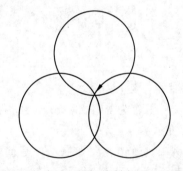

图 2.10 实验 20302 绘制没有角的正方形　　　图 2.11 实验 20303 绘制交叉三环图形

分析：由图 2.11 可以看出，交叉三环的颜色分别为红色、绿色和蓝色，且 3 个圆形的半径都相等。可以先画上面的红色圆，然后画笔回到初始位置，并且此时朝向为绝对 0°。接着，画笔向左转一定的角度后继续画左侧的绿色圆。最后，画笔重复刚才的操作画右侧的蓝色圆。

实验步骤：

1）添加并完善程序代码

新建文件，输入以下代码，请在……处使用一行或多行代码替换，实现题目功能。

```
……
t.circle(80)
……
```

2）保存并运行程序

将文件保存为 PY20303.py，运行程序，验证程序的正确性并观察程序执行效果。

3）提示

本例中，在每次画圆前先设置好画笔的颜色，利用 circle() 函数绘制 3 个半径相同的圆形。这里需要注意，画完一个圆后，画笔应该转过一定的角度后接着画另一个圆，请自行思考画笔每次转过的角度。

4. 绘制花瓣图形

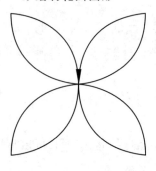

图 2.12　实验 20304 绘制花瓣图形

要求：利用 turtle 绘制花瓣图形，程序运行效果如图 2.12 所示。

分析：花瓣图形中每一条边都是一个四分之一的圆弧，它们所在圆的半径都是相等的。绘制每一条圆弧前，画笔都要转过一定的角度，此时利用 seth() 函数控制画笔的绝对转向更加方便。

实验步骤：

1）添加并完善程序代码

新建文件，输入以下代码，请在……处使用一行或多行代码替换，不修改其他代码，实现题目功能。

```
……
for i in range(4):
……
```

2）保存并运行程序

将文件保存为 PY20304.py，运行程序，验证程序的正确性并观察程序执行效果。

3）提示

本例中，4 个花瓣的绘制动作是重复执行的，因此可以采用循环结构完成。利用 seth() 函数控制画笔的绝对转角，每次转过的角度如何表达是关键。

5. 绘制 30 个正 N 边形

要求：绘制 30 个颜色、位置、边数和边长均不同的正多边形，程序运行效果如图 2.13 所示。

分析：题目要求绘制 30 个正多边形，可以采用循环结构执行 30 次的绘制动作。每执行一次循环，就绘制一个正多边形，因此可以将绘制多边形的代码写成一个函数，只要调用一次这个函数就可以完成一次绘制。绘制函数的参数应该包含正多边形的边数、边长以及颜色。绘制完一个正多边形后，画笔应该抬起并移到另外一个位置后再落下，接着绘制下一个多边形，以此往复循环，直到绘制完 30 个为止。

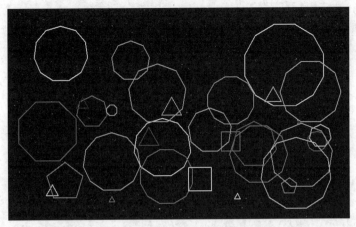

图 2.13　实验 20305 绘制 30 个颜色、位置、边数和边长均不同的正多边形

实验步骤：

1）添加并完善程序代码

新建文件，输入以下代码，请在……处使用一行或多行代码替换，不修改其他代码，实现题目功能。

```
……
def draw_n(n,s,c):          #定义画正 N 边形的函数,n 为边数,s 为边长,c 为画笔颜色
……
for i in range(30):
……
```

2）保存并运行程序

将文件保存为 PY20305.py，运行程序，验证程序的正确性并观察程序执行效果。

3）提示

本例中，为了避免绘制正多边形时超出绘图区域，可以首先设置绘图区域的大小，如长1000、宽600。每个正多边形的边数、边长、位置以及颜色都是不同的，边数控制在3～12，考虑到正多边形的绘制位置不宜太偏并且要显示完整，因此绘制位置的范围可以根据绘图区域的大小选定一个区间，每次绘制之前都要把画笔抬起后利用 goto() 函数随机移动到这个区间内的任意一个位置上，然后再落下画笔进行绘制。同时，可将多边形边长控制在10～60。设置颜色时，可利用 colormode(255) 将 pencolor() 的红色、绿色和蓝色3个分量的值设定在0～255。

在调用绘制正多边形函数前，应该将正多边形的边数、边长、位置和颜色都确定下来，而这些值的选择需要在相应的范围内随机进行，因此本题中多次用到函数 randint(a,b)（可在a 和 b 的范围内（包含 a 和 b 本身）随机选择一个整数作为返回值）。此函数属于 random库，因此需要首先导入 random 库。

2.3.4　医药案例题

要求：计算两个化合物的相似度。已知化合物 A 和化合物 B 的 PubChem 分子指纹，

分别得到 881 个子结构特征对应的值 $feature_i$，其中 $i = 1, 2, 3, \cdots, 881$。若此化合物具备 $feature_i$，则取值为 1，否则取值为 0。本案例使用"余弦相似度"计算化合物 A 和化合物 B 之间的相似度，计算公式见式(2.1)。

$$\text{cosine} = \frac{c}{\sqrt{ab}} \tag{2.1}$$

其中，a 为化合物 A 中值为 1 的 $feature_i$ 的数量；b 为化合物 B 中值为 1 的 $feature_i$ 的数量；c 为化合物 A 和 B 中值同为 1 的 $feature_i$ 的数量。通过 a、b 和 c 的值进行计算，得到相似度的值并输出，并且要求输出结果保留两位小数。程序运行效果如下。

```
请输入化合物 A 中值为 1 的 feature 的数量:356
请输入化合物 B 中值为 1 的 feature 的数量:668
请输入化合物 A 和 B 中值同为 1 的 feature 的数量:256
两个化合物的 cosine 相似度为: 0.52
```

分析：程序设计方法最常用的模型为 IPO 模型，其中 I 代表输入数据 Input，P 代表处理数据 Process，O 代表输出数据 Output。本案例中，将 a、b 和 c 的值作为已知数据输入程序中，输入时采用 input() 函数接收数据，并利用 eval() 函数将输入数据转成数字类型。程序利用式(2.1)进行计算，计算过程就是数据处理过程，计算得出结果后再利用 print() 函数输出。

实验步骤：

1）添加并完善程序代码

新建文件，输入以下代码，填写正确代码以替换横线，不修改其他代码，实现题目功能。

```
#Input
a = eval(input("请输入化合物 A 中值为 1 的 feature 的数量:"))
b = _____
c = _____
#Process
cosine = _____
#Output
print(_____)
```

2）保存并运行程序

将文件保存为 PY20401.py，运行程序，验证程序的正确性并观察程序执行效果。

3）提示

本例中的程序可以分为输入 Input、处理 Process 和输出 Output 3 部分。首先通过 input() 和 eval() 函数嵌套使用，接收从键盘输入的 a、b 和 c 的值；然后进行数据处理，计算余弦相似度的值；最后利用 print() 函数输出。输出时，要求计算结果保留两位小数，方法不唯一，可采用 round() 函数实现，也可以尝试采用其他方法，如采用 format() 函数实现。

2.4　实　验　解　析

2.4.1　基本概念题解析

1. 答案：C

解析：每次绘制完一个圆后，画笔都会抬起并沿着纵向向下移动固定的距离，同时绘制圆形的半径也增加同样的幅度，因此执行循环绘制的是若干同心圆，故本题选择 C 选项。

2. 答案：D

解析：Python 3 系列提供了 33 个关键字，从 Python 3.7 版本之后又添加了两个关键字，这 35 个关键字中并没有 goto，goto 是 turtle 库中的一个函数，故本题选择 D 选项。

3. 答案：A

解析：Python 中提供的算术运算符包括＋、－、＊、/、//、％、＊＊、＋（单目取正符号）、－（单目取负符号），其中优先级最高的是＊＊，因此本题中赋值号右端的表达式中先计算 5＊＊2 得到 25，再进行加 3 运算得到 28。"＊＝"符号称为增强赋值运算符，x＊＝3＋5＊＊2 等同于 x＝x＊（3＋5＊＊2），因此 x＝2＊28＝56，故本题选择 A 选项。

4. 答案：D

解析：Python 中标识符的命名规则为：用字母、数字、下画线和汉字等字符及其组合命名，且不能以数字开头，故本题选择 D 选项。

5. 答案：D

解析：eval(s)函数的功能是去掉字符串 s 最外侧的引号，并按照 Python 语句形式执行去掉引号后的内容。本题中先去掉外层引号，剩下表达式 x＋10，计算得到 13.14，故本题选择 D 选项。

6. 答案：D

解析：Python 中只有安装第三方库时才需要 pip 工具，自带的标准库不需要安装，可以直接导入后使用，本题中只有 requests 是第三方库，故本题选择 D 选项。

7. 答案：D

解析：Python 采用严格的缩进格式表明程序间的包含和层次关系，单层缩进的代码在格式上被之前最邻近的一行非缩进代码所包含，并且每行代码前不能无故插入空格，故本题选择 D 选项。

8. 答案：C

解析：Python 中引入库的方法有 import ＜库名＞或 import ＜库名＞ as ＜别名＞，若要直接引入库中的某个函数，则应为 from ＜库名＞ import ＜函数名＞，故本题选择 C 选项。

9. 答案：C

解析：Python 中的注释方法分为单行注释和多行注释，单行注释的方法为在该行前输入符号"＃"，若要进行多行连续性注释，可在要注释的内容前后均输入 3 个单引号，Python 中不存在用单个引号进行注释的方法，故本题选择 C 选项。

10. 答案：B

解析：Python 中的分支结构主要有单分支 if 语句、二分支 if-else 语句以及多分支 if-elif-else 语句，不包含 in，故本题选择 B 选项。

11. 答案：C

解析：Python 中常用的输入/输出函数主要有 3 个，input()返回用户从键盘输入的字符串，eval()将参数中的字符串最外层的引号去掉，并执行去掉引号以后的 Python 语句，print()输出一个或多个表达式的值，故本题选择 C 选项。

12. 答案：D

解析：Python 要求代码按照严格的缩进格式书写，可以很清晰地表明程序结构，可读性强，不会增加编程难度。Python 变量名不允许以数字开头，True 才是 Python 的关键字，一定要注意区分大小写。Python 中，if、while、def、class 语句后面都要用"："结尾，这样可以增强程序的可读性。另外，也可以根据"："的位置决定代码的层次关系，故本题选择 D 选项。

13. 答案：C

解析：Python 中利用严格缩进格式表示代码块的从属关系，故本题选择 C 选项。

14. 答案：A

解析：选项 A 中 eval()函数的参数为表达式"1"+"1"，"+"号此时起到字符串连接的作用，表达式"1"+"1"的结果为字符串"11"，然后再利用 eval()函数去掉外层引号，打印输出的结果为 11；选项 B 中计算 eval("1")+eval("1")时，eval 去掉引号后变为数字 1，因此进行 1+1 的运算得到结果 2，然后打印输出；选项 C 中直接计算 1+1 得到结果 2，然后打印输出；选项 D 中计算 eval("1+1")时，先去掉外层引号后变为表达式 1+1，再计算得到结果 2，然后打印输出，故本题选择 A 选项。

15. 答案：B

解析：Python 中的数值运算符有优先级高低之分，本题中，%、*和//的优先级相同，先计算 5%6 得到 5，5*2 得到 10，10//8 得到 1，最后计算 3+1 得到结果 4，故本题选择 B 选项。

16. 答案：B

解析：程序设计方法中最常见的就是 IPO 模式，其中 I 代表输入数据 Input，P 代表程序处理过程 Process，O 代表输出数据 Output，故本题选择 B 选项。

17. 答案：A

解析：Python 是典型的解释型语言，解释器在代码运行期间逐行翻译，而不是一次性翻译成目标代码，故本题选择 A 选项。

18. 答案：B

解析：Python 中的输出函数为 print()，而获取帮助的函数是 help()，故本题选择 B 选项。

19. 答案：D

解析：注释可以从一行中的任意位置开始，解释器会忽略注释符号后的所有内容，但是注释符号前的代码依然正常执行；代码之前不能随意添加空格，除非有缩进要求；Python 中多条语句写在同一行时，语句之间用分号"；"间隔，且最后一条语句末尾也可以加"；"，不影响程序的执行;如果一条语句很长,导致一行写不完,可以在本行末尾添加"\"作为续行符,换行后继续书写,故本题选择 D 选项。

20. 答案:D

解析:Python 的赋值号是"=",它可以与其他运算符结合作为增强赋值运算符,赋值语句可以同时将多个值赋给多个变量,a,b = b,a 是合法的,a,b,c = b,c,a 同样也是合法的,故本题选择 D 选项。

21. 答案:A

解析:Python 中允许多条语句写在同一行,语句之间用";"分隔,故本题选择 A 选项。

22. 答案:B

解析:input()函数将用户从键盘输入的内容作为字符串赋值给变量 x,函数 type()的功能是返回参数的数据类型,由于变量 x 的数据类型为字符串(即"str"),故本题选择 B 选项。

23. 答案:D

解析:eval()函数将参数字符串的引号去掉得到数值 45,它对应的数据类型为整型(即int),因此函数 type()返回的结果为<class 'int'>,故本题选择 D 选项。

24. 答案:D

解析:turtle 库中的 circle(radius,extent)函数的功能是绘制圆形,本题中的 extent 为180,表示绘制半圆图形,circle 为 -30,表示绘制半圆时圆心位于画笔的右侧且圆半径为30,故本题选择 D 选项。

25. 答案:B

解析:turtle 库中的 setup(width,height,startx,starty)函数定义了绘图区域的宽、高以及画笔在屏幕上的位置,其中后两个参数为可选参数,如果为 none,则表明画笔位于屏幕中央,故本题选择 B 选项。

26. 答案:D

解析:turtle 库中的 color(colorstring1,colorstring2)有两个参数,分别用来设定画笔颜色和填充色;pencolor()函数用来设定画笔的颜色;bgcolor()函数用来设定绘图区域背景色,当函数 colormode 的参数为 255 时,bgcolor()函数的参数中红色、绿色和蓝色 3 个分量的值也只能是 0~255 的数值,故本题选择 D 选项。

27. 答案:D

解析:绘图区域坐标系的绝对 0 度方向,也是画笔初始的朝向,为正右方,故本题选择 D 选项。

28. 答案:C

解析:turtle 库中的 seth()函数的功能是将画笔根据参数对应的角度进行旋转,这个角度为绝对值(即相对初始画笔朝向正右方的角度值);left()和 right()也可以使画笔根据参数对应的角度进行旋转,而此时的角度为相对值,因此,执行 seth()、left()和 right()函数均有可能改变画笔的方向;bk()函数等同于 backward()函数,可以在使画笔保持方向不变的同时后退一定的距离,故本题选择 C 选项。

29. 答案:C

解析:turtle 库中的 goto(x,y)函数的功能是将画笔移动到坐标为(x,y)的位置处,故

Python 程序设计实验教程——以医药数据处理为例

本题选择 C 选项。

    30. 答案：A

    解析：color()函数中的第一个参数 red 可以将画笔设置为红色,第二个参数 yellow 可以将填充色设置为黄色,故本题选择 A 选项。

2.4.2　医药案例题参考答案

参考代码如下。

```
#input
a = eval(input("请输入化合物 A 中值为 1 的 feature 的数量:"))
b = eval(input("请输入化合物 B 中值为 1 的 feature 的数量:"))
c = eval(input("请输入化合物 A 和 B 中值同为 1 的 feature 的数量:"))
#process
cosine = c / (a * b) ** 0.5
#output
print("两个化合物的 cosine 相似度为:",round(cosine,2))
```

实验 3　基本数据类型

本实验主要学习 Python 的 3 种基本数据类型的概念及其应用、标准数学库 math 库的用法，以及基于欧几里得距离的化合物相似度计算、清肺排毒汤处方展示、化合物水溶性数据的格式化输出这三个医药数据处理案例的实现。

3.1　实验目的

- 掌握 Python 的 3 种数字类型（整型、浮点型和复数类型）的概念、表示方法、运算操作、内置函数。
- 掌握 Python 字符串类型的概念、表示方法、运算操作、内置函数和方法。
- 掌握 Python 逻辑类型的概念、表示方法、运算操作、应用范围。
- 掌握 Python 不同类型运算操作符的优先顺序。
- 运用 Python 的标准数学库 math 库进行数值计算。
- 掌握基于欧几里得距离的化合物相似度计算方法。
- 掌握清肺排毒汤处方展示、化合物水溶性数据的格式化输出这两个医药数据处理案例的设计与实现，从而进一步熟练掌握实验数据的格式化输出方法。

3.2　知识点解析

3.2.1　Python 的基本数据类型

Python 的数据类型由基本数据类型和组合数据类型组成，其中组合数据类型将会在实验 6 中介绍，而基本数据类型包括以下 3 种。

① 数字类型；

② 字符串类型；

③ 逻辑类型。

3.2.2　数字类型及其操作

1. 数字类型的概念

Python 对数字的表示和使用进行了定义和规范，提供了 3 种数字类型：整型、浮点型和复数类型，分别对应数学中的整数、实数和复数。

2. 数字类型的表示

- 整数类型

Python 整数类型提供了 4 种进制的表示形式。

① 十进制：无引导符，如 1024，−8；

② 二进制：以 0b 或 0B 引导，如 0b110，−0B1001；

③ 八进制：以 0o 或 0O 引导，如 0o137，−0O632；

④ 十六进制：以 0x 或 0X 引导，如 0x5a，−0X1FD。

各进制之间可以通过以下函数相互转换。

① int(x)：返回 x 对应的十进制整数；

② bin(x)：返回 x 对应的二进制整数的字符串；

③ oct(x)：返回 x 对应的八进制整数的字符串；

④ hex(x)：返回 x 对应的十六进制整数的字符串。

- 浮点数类型

Python 中的浮点数有以下两种表示方法。

① 十进制法：如 0.5，−8.，2.85；

② 类科学记数法：1e3，−2.56e−4。

- 复数类型

Python 中的复数与数学中的复数概念一致，即 $z=a+bj$，其中 a 是实部，b 是虚部，虚数单位用 j 或者 J 标识。a 和 b 都是浮点数类型，且 j(或者 J)的前面必须有表示虚部的浮点数 b，即使 b 为 1，也不能省略。可以用 z.real 获得实数部分，用 z.imag 获得虚数部分。

3. 数字类型的运算操作符

Python 内置的数值运算操作符共 9 个，如表 3.1 所示。

表 3.1 **Python** 内置的数值运算操作符

操 作 符	功 能
x＋y	计算 x 与 y 之和
x−y	计算 x 与 y 之差
x＊y	计算 x 与 y 之积
x／y	计算 x 与 y 之商
x／／y	计算 x 与 y 之整数商，即不大于 x 与 y 之商的最大整数
x％y	计算 x 与 y 相除的余数，也称为模运算
−x	x 的负值，即 x＊(−1)
＋x	x 本身
x＊＊y	计算 x 的 y 次幂，即 x^y

Python 的所有二元数值运算符都有与之对应的增强赋值操作符，分别为＋＝、−＝、＊＝、／＝、／／＝、％＝、＊＊＝，若用符号 op 代替这些操作符，则 x op＝ y 等价于 x ＝ x op y。

4. 内置的数字类型处理函数

Python 内置的数字类型处理函数分以下 3 类。

① 数值运算函数：包括 abs()、divmod()、pow()、round()、max()、min()等。

② 数字类型转换函数：包括 int()、float()、complex()等。

③ 类型判断函数：如 type()。

3.2.3　字符串类型及其操作

1. 字符串类型的概念

Python 对字符串的定义是：由一系列字符组成的序列。字符串字符的序号称为字符的"索引"。Python 中有两种字符串索引编号方式，分别是从左向右的从 0 开始的正向递增索引号和从右向左的从 -1 开始的反向递减索引号。

2. 字符串类型的表示

Python 可以使用单引号、双引号或三单引号、三双引号作为字符串的定界符，单引号和双引号可以表示单行字符串，三引号可以表示单行或多行字符串，并且单引号、双引号、三单引号、三双引号还可以互相嵌套，用来表示复杂的字符串。

字符串中有一些特殊字符无法从键盘输入或该字符已经被定义为其他用途，要使用这些字符，必须使用反斜杠"\"转义这些特殊字符，如"\n"表示换行、"\t"表示制表符(Tab)、"\\"表示反斜杠等。

3. 字符串类型的运算操作符

Python 内置的字符串运算操作符共 5 个，如表 3.2 所示。

表 3.2　**Python 内置的字符串运算操作符**

操　作　符	功　　能
x＋y	连接两个字符串 x 与 y
x＊n 或 n＊x	复制 n 次字符串 x
x in s	如果 x 是 s 的子串，则返回 True，否则返回 False
s[i]	索引，返回字符串 s 的第 i 个字符
s[n: m]	切片，返回字符串 s 的索引值从 n 开始到 m−1 的子串(不包含第 m 个字符)

4. 内置的字符串处理函数

Python 内置的字符串处理函数有 6 个，分别是 len()、str()、chr()、ord()、hex()、ocx()。

5. 内置的字符串处理方法

Python 内置的字符串处理方法分以下 6 类。

① 大小写字母转换：包括 s.upper()、s.lower()、s.capitalize()、s.title ()、s.swapcase()等。

② 字符串连接、分割、替换：包括 s.join()、s.split()、s.replace()。

③ 字符串查找和遍历：包括 s.count()、s.find()、s.rfind()、s.index()、s.rindex()等。

④ 字符串判断：包括 s.startswith()、s.endswith()、s.isalnum()、s.isalpha()、s.isdigit()、s.isupper()、s.islower()等。

⑤ 删除字符：包括 s.strip()、s.lstrip()、s.rstrip()等。

⑥ 字符串格式化处理：如 s.format()。

3.2.4　逻辑类型及其操作

1. 逻辑类型的概念

Python 逻辑类型又称为布尔类型。逻辑类型数据只有 True 与 False 两个值。

2. 逻辑类型的表示

逻辑类型数据写作 True 和 False,分别用于表示逻辑真和逻辑假。参与计算时,布尔值也可以当作数值来运算,此时 True 对应的值为整数 1,False 对应的值为整数 0;反之,非 0 可以看作 True,0 可以看作 False。

3. 逻辑类型的运算操作符

Python 内置的常用逻辑运算操作符共 3 个,如表 3.3 所示。

表 3.3 Python 内置的常用逻辑运算操作符

操　作　符	功　　能
and	布尔"与",如果 x 为 False,则 x and y 返回 False,否则返回 y 的计算值
or	布尔"或",如果 x 为 True,则 x or y 返回 True,否则返回 y 的计算值
not	布尔"非",如果 x 为 True,则 not x 返回 False;如果 x 为 False,则 not x 返回 True

4. 返回逻辑类型数据的运算

Python 中,返回逻辑类型数据的情况有以下两类。

① 关系表达式的运算结果;

② 某些判断函数的返回值。

3.2.5 不同类型运算操作符的优先顺序

Python 中,数值运算、字符串运算、关系运算、逻辑运算按优先级递减的顺序排列为:先数值、字符串运算,后关系运算,再逻辑运算。Python 运算符优先级(从高到低)如表 3.4 所示。

表 3.4 Python 运算符优先级(从高到低)

运　算　符	功　　能
**	指数
~、+、-	按位翻转、一元求正数、一元求负数
*、/、//、%	乘、除、求整商、取余
+、-	加法、减法
>>、<<	右移、左移运算符
&	按位与
^、|	按位异或、按位或
<=、<、>、>=	比较运算符
==、!=	等于、不等于运算符
is、is not	身份运算符
in、not in	成员运算符
not、and、or	逻辑运算符
=、%=、/=、//=、-=、+=、*=、**=	赋值与增强赋值运算符

3.2.6　math 库简介

Python 内置的标准库 math 库主要用于提供内置的数学类函数。math 库仅支持整数和浮点数运算,不支持复数运算,一共提供了 4 个数学常数和 44 个函数。4 个数学常数分别为圆周率 math.pi、自然对数 math.e、正无穷大 math.inf 和非浮点数 math.nan。表 3.5 列出了 math 库中的 13 个常用函数。

表 3.5　math 库中的 13 个常用函数

函　　数	功　　能
math.fabs(x)	返回 x 的绝对值
math.fmod(x,y)	返回 x 与 y 的模
math.fsum([x,y,…])	浮点数精确求和
math.ceil(x)	向上取整,返回不小于 x 的最小整数
math.floor(x)	向下取整,返回不大于 x 的最大整数
math.factorial(x)	返回 x 的阶乘,如果 x 是小数或负数,则返回 ValueError
math.gcd(a,b)	返回 a 与 b 的最大公约数
math.pow(x,y)	返回 x 的 y 次幂
math.exp(x)	返回 e 的 x 次幂,e 是自然常数
math.sqrt(x)	返回 x 的平方根
math.log(x[,base])	返回 x 的对数值
math.degrees(x)	角度 x 的弧度值转角度值
math.radians(x)	角度 x 的角度值转弧度值

3.3　实　验　内　容

3.3.1　基本概念题

1. Python 语言提供了 3 种基本的数字类型,它们是(　　)。
   A. 整数类型、浮点数类型、复数类型
   B. 整数类型、二进制类型、浮点数类型
   C. 整数类型、二进制类型、复数类型
   D. 二进制类型、浮点数类型、复数类型

2. 在 Python 语言中,下面是整数的是(　　)。
   A. 2E3　　　　　　　B. 2e−3　　　　　　　C. −2000　　　　　　　D. 2000.0

3. 以下关于二进制整数的定义,正确的是(　　)。
   A. 0B1103　　　　　B. 0b1001　　　　　　C. 0B102　　　　　　　D. 0B10A

4. 以下不是 Python 的数值运算操作符的是( )。

    A. $ B. /   C. **   D. //

5. 表达式 5.0－8 ＊ 2 ＊＊ 3 ％ 5 // 3－True 的值是( )。

    A. 报错   B. 3   C. 3.0   D. 4.0

6. int (3＋0j)的返回值是( )。

    A. 3   B. 3.0   C. 0.0   D. TypeError

7. divmod(10,3)的返回值是( )。

    A. [3,1.0]   B. (3,1)   C. [3,1]   D. (3.0,1)

8. 以下代码的输出结果是( )。

```
x, y = 4.0, 4
y -= x
print(y)
```

    A. 0   B. 0.0   C. '0'   D. '0.0'

9. 以下代码的输出结果是( )。

```
print(0.1 + 0.2 == 0.3)
```

    A. －1   B. True   C. False   D. 0

10. 以下代码的输出结果是( )。

```
a = 3.14
print(complex(a))
```

    A. 0.14   B. 3.14i＋j   C. 3.14   D. (3.14＋0j)

11. 以下关于 Python 的描述中,正确的是( )。

    A. Python 的整数类型有长度限制,一旦超过上限,会产生溢出错误

    B. Python 语言中采用严格的"缩进"表明程序格式,不可嵌套

    C. Python 中可以用八进制表示整数

    D. Python 的浮点类型没有长度限制,只受限于内存的大小

12. 以下关于 Python 语言复数类型的描述中,错误的是( )。

    A. 复数可以进行四则运算

    B. 实部不可以为零

    C. Python 语言中可以使用 z.real 和 z.imag 分别获取 z 的实部和虚部

    D. 复数类型与数学中复数的概念一致

13. 已知复数 z 的值为 1.23e－4＋5.6e＋78j,则 z.real 的值为( )。

    A. 1.23   B. 1.23e－4＋5.6e   C. 5.6e＋78   D. 0.000123

14. 以下关于 Python 字符串的描述中,错误的是( )。

    A. 在 Python 字符串中,可以混合使用正整数和负整数进行索引和切片

    B. Python 字符串采用[N:M]格式进行切片,获取字符串从索引 N 到 M 的子字符串(包含 N 和 M)

C. 字符串中的第一个"\"表示转义符

D. 空字符串可以表示为""或"

15. 以下关于 Python 字符串的描述中,正确的是(　　)。

A. 字符应视为长度为 1 或为 2 的字符串

B. 字符串中的字符可进行数学运算,但进行数学运算的字符必须为数字

C. 在三引号字符串中可包含换行、回车等特殊的字符

D. 字符串可以进行切片赋值

16. 以下关于 Python 字符编码的描述中,正确的是(　　)。

A. Python 字符编码使用 ASCII 编码存储

B. chr(x)和 ord(x)函数用于在单字符和 Unicode 编码值之间进行转换

C. print(chr('a'))输出 97

D. print(ord(65))输出 A

17. Python 语言中,以下表达式结果为 False 的选项是(　　)。

A. "CD" < "CDEF"　　　　　　　　　　B. "DCBA" < "DC"

C. "" < "G"　　　　　　　　　　　　　D. "love" > "LOVE"

18. 以下代码的输出结果是(　　)。

```
s = 'C\tP\bR'
print(len(s))
```

A. 3　　　　　　　　B. 5　　　　　　　　C. 7　　　　　　　　D. 6

19. 以下代码的输出结果是(　　)。

```
a,b,c,d = 'Drug'
print(a + c)
```

A. Dg　　　　　　　B. Du　　　　　　　C. DrugDrug　　　　D. TypeError

20. 以下可以在屏幕上输出 C:\tablet 的是(　　)。

A. print("C:\tablet")　　　　　　　　B. print("C:\ tablet")

C. print("C:\\ tablet ")　　　　　　　D. print("C:\'tablet ")

21. 以下表达式的结果是"年少好友"的是(　　)。

A. "友好少年"[0::]　　　　　　　　　B. "友好少年"[0:-1:1]

C. "友好少年"[::-1]　　　　　　　　　D. "友好少年"[0::-1]

22. 字符串 s = 'dolantin',显示结果为"lan"的选项是(　　)。

A. print(s[3:6])　　　　　　　　　　B. print(s[2:4])

C. print(s[-6:5])　　　　　　　　　　D. print(s[2:-4])

23. 字符串 s = 'Penicillin',则表达式 s[1::3]的值为(　　)。

A. 'ecl'　　　　　　　B. 'Piln'　　　　　　C. 'eiiln'　　　　　　D. 'en'

24. 以下返回值为"世界这么大,我想去溜达!"的语句是(　　)。

A. "哈哈哈哈世界这么大哈,我想去溜达! 哈哈哈哈哈".strip("哈")

B. "哈哈哈哈世界这么大哈,我想去溜达! 哈哈哈哈哈".replace("哈","")

C. "哈哈哈哈世界这么大哈,我想去溜达! 哈哈哈哈哈".find("哈")

D. "哈哈哈哈世界这么大哈,我想去溜达! 哈哈哈哈哈".zfill(12)

25. 以下有关 Python 字符串类型的操作描述,正确的是(　　)。

A. 想把一个字符串 str 所有的字符都大写,用 upper(str)

B. 设 x = 'aaa',则执行 x / 3 的结果是 'a'

C. 想获取字符串 str 的长度,用字符串处理函数 len(str)

D. str.isnumeric()方法把字符串 str 中的数字字符串变成数字

26. ",".join([1, 2, 3, 4, 5])的返回值为(　　)。

A. 12345　　　　　B. "1,2,3,4,5"　　　C. TypeError　　　D. 15

27. 以下代码的输出结果是(　　)

```
s = "GS,NS,NG,NE."
print(s.split())
```

A. ['GS', 'NS', 'NG', 'NE.']　　　　　　B. ['GS', 'NS', 'NG', 'NE']

C. ['GS,NS,NG,NE.']　　　　　　　　D. ['GS,NS,NG,NE']

28. 以下代码的输出结果是(　　)

```
a = 'CPR'
b = 'AED'
print("{:*>10}:{:*<10}".format(a,b))
```

A. *******CPR: AED*******　　　　B. CPR*******: *******AED

C. CPR: AED　　　　　　　　　D. *******CPR: *******AED

29. 以下代码的输出结果是(　　)

```
x = 3.1415926
print("{} {:6}".format(round(x), round(x, 3)))
```

A. 3.0 3.1415　　　　　　　　　B. 3　　3.1415

C. 3　　3.142　　　　　　　　　D. 3.0　　3.142

30. 以下代码段执行后,用户输入 10,程序的运行结果为(　　)。

```
x = eval(input("please input a number:"))
if 20:
    print(True == 1)
else:
    print('False == 0')
```

A. True == 1　　　　　　　　　B. True

C. False == 0　　　　　　　　　D. False

3.3.2　简单操作题

1. 把以下算术表达式改写为 Python 表达式。

(1) $b^2 + 4ac$

(2) $\dfrac{3}{4}(|x-6|+y)^2$

(3) $\dfrac{(x+y)^2}{5x+\sqrt{y}}$

(4) $\dfrac{13 \bmod 5 + 2^3}{|a+b|}$

2. 请先自行计算出下列表达式的值,再在 IDLE Shell 中输入并验证结果。

(1) 11 ％ −3 ＋2 ＊ 3 ＊＊2 ＋ 18 ／／ 4 − True

(2) (4 ／ 2 ＋ 5j) ＊ 3j

(3) (ord('Z')−ord('A') ＋ 3) ％ 26

(4) (len('Aspirin') ＋ len('Amoxil')) ／ 2

3. 请先自行估算出下列表达式的值,再在 IDLE Shell 中调用 math 库的函数,计算并验证下列表达式的值。

(1) math.sin(math.pi/2)

(2) math.sqrt(math.pow(3,2))

(3) math.fabs(math.floor(−4.6))

(4) math.gcd(243,18)

4. 请先自行计算多项式 $ax^3 - bx^2 + cx - d$ 的值,其中 a、b、c、d 的值分别为 1、2、3、4,x 的值为 3.14,再在 IDLE Shell 中验证计算结果。

5. 已知字符串 s1 ＝ 'Aspirin',s2 ＝ 'Amoxil',s ＝ s1＋s2,试计算以下表达式的值: s[0]、s[−1]、s[2：5]、s[：：−1]、s[：：3]、s[2：8：2]、s.upper()、s.find('A')、s.find('A',1),且在 IDLE Shell 中输入并验证结果。

6. 计算直角三角形的面积。

要求:从键盘输入直角三角形的两条直角边长度,计算直角三角形的面积并在屏幕上输出结果,程序运行效果如下。

```
输入三角形第一条直角边长:3
输入三角形第二条直角边长:4
直角三角形的面积为:6.0
```

分析:两条直角边的输入可通过 eval() 函数嵌套 input() 函数实现,三角形面积的计算可以通过编写直角三角形面积公式的 Python 表达式实现,结果输出可以通过 print() 函数实现。

实验步骤:

1) 添加并完善程序代码

新建文件,输入以下代码,填写正确代码以替换横线,不修改其他代码,实现题目功能。

```
a = eval(input("输入三角形第一条直角边长:"))
b = eval(input("输入三角形第二条直角边长:"))
area = _____
print("直角三角形的面积为:{:.1f}".format(_____))
```

2) 保存并运行程序

将文件保存为 PY30206.py,运行程序,验证程序的正确性并观察程序执行效果。

3) 提示

请注意直角三角形通过两条直角边长计算面积公式转换成 Python 语句的正确表达方式。

7. 实现基本统计量计算。

要求:假设一组数据表示为 $S = s_0, s_1, \cdots, s_{n-1}$,请编程实现其最大值、最小值、平均值、标准差等基本统计量计算。其中算术平均值如式(3.1)所示,标准差如式(3.2)所示。

$$算术平均值: \mathrm{mean} = \left(\sum_{i=0}^{n-1} s_i \right) / n \tag{3.1}$$

$$标准差: \mathrm{dev} = \sqrt{\left(\sum_{i=0}^{n-1} (s_i - \mathrm{mean})^2 \right) / (n-1)} \tag{3.2}$$

程序运行效果如下。

```
请输入用逗号分隔的 5 个数:1,2,3,4,5
最大值为: 5
最小值为: 1
平均值为: 3.0
标准差为: 1.5811388300841898
```

分析:可通过逗号表达式及 eval()函数嵌套 input()函数实现基本统计数据的输入,最大值和最小值可通过 Python 解释器内置数值运算函数 max()和 min()实现,平均值和标准差可通过将数学公式转换成 Python 表达式获得。

实验步骤:

1) 添加并完善程序代码

新建文件,输入以下代码,填写正确代码以替换横线,不修改其他代码,实现题目功能。

```
a, b, c, d, e = eval(input("请输入用逗号分隔的 5 个数:"))
sum = _____
mean = _____
dev = _____
print("最大值为:", max(a, b, c, d, e))
print("最小值为:", min(a, b, c, d, e))
print("平均值为:", mean)
print("标准差为:", dev)
```

2) 保存并运行程序

将文件保存为 PY30207.py,运行程序,验证程序的正确性并观察程序执行效果。

3) 提示

本题处理了包含 5 个元素的基本统计量计算,分别使用变量 a、b、c、d、e 存储和处理基本数据,请思考并查阅资料,若输入前并不知道一共有多少个数据需要输入和统计,这样的需求在 Python 中该如何实现?

8. 通过月份值提取月份英文简写。

要求：从键盘输入一个月份数字，返回对应月份名称简写，程序运行效果如下。

```
请输入月份(1~12) :8
月份简写是: Aug
```

分析：本题中将所有的月份英文简写排列成一个连续的字符串，程序执行时接收用户输入的 1~12 中的某个月份，由于每个月份的英文简写都由 3 个字符构成，所以可通过给定的月份由公式计算出目标月份英文简写在已知字符串中的位置，再进行字符串切片处理，提取出目标月份英文简写子串并输出。

实验步骤：

1）添加并完善程序代码

新建文件，输入以下代码，填写正确代码以替换横线，不修改其他代码，实现题目功能。

```
n = input("请输入月份(1~12) :")
months = "JanFebMarAprMayJunJulAugSepOctNovDec"
pos = (int(n) - 1) * 3
monthAbb = months[_____]
print(_____)
```

2）保存并运行程序

将文件保存为 PY30208.py，运行程序，验证程序的正确性并观察程序执行效果。

3）提示

需要熟练掌握字符串单个字符索引和字符串切片规则，其中字符串切片可以通过两个索引值确定一个位置范围，返回这个范围的子串，格式为：＜string＞[＜start＞：＜end＞]，其中 start 和 end 都是整数型数值，这个子序列从索引 start 开始，直到索引 end 结束，但不包括 end 位置。

9. 按要求格式输出给定字符串。

要求：接收从键盘输入的字符串，按题目要求把该字符串内容输出到屏幕上，具体格式要求为：输出宽度为 30 个字符，不足部分以星号"＊"填充，居中对齐。如果输入的字符串长度超过 30，则全部输出，程序运行效果如下。

```
请输入一个字符串:Aspirin
***********Aspirin************
```

分析：Python 中采用内置的字符串处理方法 format() 实现字符串输出格式控制。

实验步骤：

1）添加并完善程序代码

新建文件，输入以下代码，填写正确代码以替换横线，不修改其他代码，实现题目功能。

```
s = input("请输入一个字符串:")
print("{_____}".format(s))
```

2）保存并运行程序

将文件保存为 PY30209.py，运行程序，验证程序的正确性并观察程序执行效果。

3）提示

Python 内置的字符串输出控制方法 format（）的调用格式为：＜模板字符串＞.format（＜以逗号分隔的参数＞），其中，＜模板字符串＞包括需原样返回的字符和槽，槽规定如何格式化参数得到子串，它除包括参数索引号，还包括格式控制信息。此时，槽的内部样式如下：｛＜参数索引号＞：＜格式控制标记＞｝，其中格式控制标记用来控制参数显示时的格式。格式控制标记包括＜填充＞、＜对齐＞、＜宽度＞、＜千位分隔符＞、＜.精度＞、＜类型＞6 个字段，这些字段都是可选的，可以组合使用。

3.3.3 综合应用题

1. 实现给定十进制整数的多进制转换

要求：编写程序，实现将从键盘输入的十进制整数转换为二进制、八进制和十六进制（大写）形式并按要求输出到屏幕上，各进制数之间采用制表符“\t”分隔，程序运行效果如下。

```
输入数字:350
对应的二进制数:101011110    八进制数:536    十六进制数:15E
```

分析：Python 中的十进制向 n 进制的转换可以采用除 n 取余的常规算法实现。本题针对的是特殊进制，如二进制、八进制、十六进制，则可以简单地采用 format（）方法设置对象输出显示时格式控制标记中的类型字段实现，其中 b 表示二进制方式、o 表示八进制方式、X 表示大写十六进制方式。

实验步骤：

1）添加并完善程序代码

新建文件，输入以下代码，请在……处使用一行或多行代码替换，不修改其他代码，实现题目功能。

```
num = eval(input("输入数字:"))
……
```

2）保存并运行程序

将文件保存为 PY30301.py，运行程序，验证程序的正确性并观察程序执行效果。

3）提示

Python 中还可以采用内置的进制转换函数完成进制转换的工作。主要的进制转换函数如下。

int（x）：返回 x 对应的十进制整数。

bin（x）：返回 x 对应的二进制整数的字符串。

oct（x）：返回 x 对应的八进制整数的字符串。

hex（x）：返回 x 对应的十六进制整数的字符串。

例如：int（0o123）的返回值为 83；bin（3）的返回值为'0b11'。转换得到的二进制、八进制、十六进制字符串会带有进制前缀。

2. 实现 3 位正整数的分解

要求：编写程序，实现分别提取出从键盘输入的 3 位正整数的百、十和个位上的数字，并按要求将它们输出到屏幕上，程序运行效果如下。

```
请输入任意一个 3 位正整数:519
519 的百位是:5,十位是:1,个位是:9
```

分析：提取 3 位正整数，每位上的数字可以通过 Python 提供的内置算术运算整除(/)、取余(%)或者两者的配合来实现。

实验步骤：

1) 添加并完善程序代码

新建文件，输入以下代码，请在……处使用一行或多行代码替换，不修改其他代码，实现题目功能。

```
n = eval(input("请输入任意一个 3 位正整数:"))
……
print("{}的百位是:{},十位是:{},个位是:{}".format (n,b,s,g))
```

2) 保存并运行程序

将文件保存为 PY30302.py，运行程序，验证程序的正确性并观察程序执行效果。

3) 提示

本题还有另外一种解决思路，即将该正整数转换为字符串，利用对字符串的单个字符的索引访问获得不同位上的数字，请尝试实现该方法。

3. 实现将给定字符串中每个单词的首字母转换为大写

要求：用户从键盘输入一行字符，编写程序，实现将该行字符中每个单词的首字母都转换为大写并输出到屏幕上，程序运行效果如下。

```
请输入一行西文字符:mankind will be able to overcome the virus epidemic.
转换后的内容为: Mankind Will Be Able To Overcome The Virus Epidemic.
```

分析：Python 提供了将西文文本中每个单词首字母转换为大写的内置字符串处理方法 title()。

实验步骤：

1) 添加并完善程序代码

新建文件，输入以下代码，请在……处使用一行或多行代码替换，不修改其他代码，实现题目功能。

```
s = input("请输入一行西文字符:")
……
```

2) 保存并运行程序

将文件保存为 PY30303.py，运行程序，验证程序的正确性并观察程序执行效果。

3）提示

本题还可以不通过调用内置函数方法，而是自主编程，实现将西文字符串中的每个单词首字母转换为大写。首先借助 split() 方法进行字符串分解，然后逐个转换每个单词的首字母为大写，再借助 join() 方法将转换后的单词连接成新的字符串。可在学习循环结构后尝试实现该方法。

4. 实现指定 Unicode 码值到字符的转换并按要求格式输出

要求：从键盘输入一个 9800～9811 的正整数 n，把 n−1、n、n＋1 这 3 个数值对应的 Unicode 编码字符按照给定格式要求输出到屏幕上，具体格式要求为：输出宽度为 15 个字符，不足部分用"♯"填充，居中对齐，程序运行效果如下。

```
请输入一个 9800~9811 的数字:9805
######Ω ♍ Ω######
```

分析：Python 中采用内置的字符串处理函数 chr() 实现由 Unicode 码值向对应字符的转换，另外，采用内置的字符串处理方法 format() 实现格式输出控制。

实验步骤：

1）添加并完善程序代码

新建文件，输入以下代码，请在……处使用一行或多行代码替换，不修改其他代码，实现题目功能。

```
n = eval(input("请输入一个 9800~9811 的数字:"))
……
```

2）保存并运行程序

将文件保存为 PY30304.py，运行程序，验证程序的正确性并观察程序执行效果。

3）提示

Python 3.x 以 Unicode 字符为计数基础，因此英文字符和中文字符都是 1 个长度单位。Python 内置的 chr(x) 函数用来返回 Unicode 码值 x 对应的单字符；ord(s) 函数用来返回单字符 s 对应的 Unicode 码值，它们是一对反函数。

5. 实现单字符的凯撒密码加密

要求：凯撒密码是古罗马凯撒大帝用来对军事情报进行加密的算法，它是一种替换加密的技术。本题采用的替换规则是将信息中的每个英文字符替换为字母表序列该字符后面第 3 个字符，即替换偏移量为 3，对应关系如图 3.1 所示。

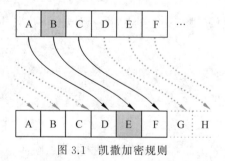

图 3.1 凯撒加密规则

请编写程序,完成单个字符的凯撒加密,程序运行效果如下。

```
请输入一个大写字母(A~Z):X
凯撒加密后的字符为:A
```

分析:首先需要进一步明确本题中单个字符凯撒加密的规则:若输入的单个字符非大写字母,则不做加密处理,密文和明文一致;若输入的是一个大写字母,则对明文字母进行字母表中向后推 3 位的处理,获得密文字母,若向后推时已超出字母表范围,则转回头从 A 开始继续计数推移。这里,字母表中的位置推移需要用到 Python 提供的字符内置函数 chr()和 ord()。可以先用 ord()函数将明文字符转换成对应的 Unicode 码值,将码值加 3 后,再利用 chr()函数将其转换回密文字符。

实验步骤:

1)添加并完善程序代码

新建文件,输入以下代码,请在……处使用一行或多行代码替换,不修改其他代码,实现题目功能。

```
old = input("请输入一个大写字母(A~Z):")
……
print("凯撒加密后的字符为:",new)
```

2)保存并运行程序

将文件保存为 PY30305.py,运行程序,验证程序的正确性并观察程序执行效果。

3)提示

在进行加密处理的过程中,可以分推移后未超出字母表和超出字母表两种情况讨论,也可以将取模运算"%"和字母表中的字母个数为 26 等已知因素合并成统一的推导公式进行处理,请思考两种处理方式并尝试实现。

3.3.4 医药案例题

1. 基于欧几里得距离的化合物相似度计算

要求:现假设衡量化合物相似度的依据是水溶性和血红蛋白结合率。定义化合物 A 和 B 之间的相似度,如式(3.3)所示。

$$s = \sqrt{(F1_A - F1_B)^2 + (F2_A - F2_B)^2} \tag{3.3}$$

式中,F1 表示水溶性,F2 表示血红蛋白结合率,请编程实现:输入两个化合物 A、B 的水溶性和血红蛋白结合率数值,计算它们之间的相似度并输出,结果保留 2 位小数。程序运行效果如下。

```
请输入 A 的水溶性数值:32.2
请输入 A 的血红蛋白结合率:21
请输入 B 的水溶性数值:28.6
请输入 B 的血红蛋白结合率:23.2
所求相似度为:4.22
```

分析：以 A 的水溶性数值为例，它在程序中的使用分两步：先从键盘输入，然后用于相似度计算。因此，本例首先需要创建 4 个变量，分别用于存放用户从键盘输入的两种化合物的水溶性数值及血红蛋白结合率值，再列出对应计算公式的 Python 表达式计算相似度，按要求输出即可。

实验步骤：

1) 添加并完善程序代码

新建文件，输入以下代码，填写正确代码以替换横线，不修改其他代码，实现题目功能。

```
f1a = eval(input("请输入 A 的水溶性数值:"))
f2a = _____
f1b = _____
f2b = _____
s = _____
print("所求相似度为:{:.2f}".format(s))
```

2) 保存并运行程序

将文件保存为 PY30401.py，运行程序，验证程序的正确性并观察程序执行效果。

3) 提示

在数据分析和数据挖掘以及搜索引擎中，经常需要知道个体间差异的大小，进而评价个体的相似性和类别。相似度就是比较两个事物的相似性。一般通过计算事物特征之间的距离实现，如果距离小，那么相似度大；如果距离大，那么相似度小。常用的相似度计算公式有欧几里得距离、曼哈顿距离、明科夫斯基距离、余弦相似度等。化合物相似度在化学信息学和药物发现中具有悠久的历史，许多计算方法采用相似度测定鉴定研究的新化合物。第 2 章案例中实现了通过对两种化合物的分子指纹计算其余弦相似度，本题采用欧几里得距离法实现化合物水溶性和血红蛋白结合率相似度计算。大家可依据具体的要求和场景选择更多的相似度计算方法进行研究。

2. 清肺排毒汤处方的格式化展示

要求：请将存放于一个字符串中的中药清肺排毒汤处方按指定要求展示，原始处方字符串为

```
formula="麻黄 9g、炙甘草 6g、杏仁 9g、生石膏 15~30g(先煎)、\
桂枝 9g、泽泻 9g、猪苓 9g、白术 9g、茯苓 15g、柴胡 16g、黄芩 6g、\
姜半夏 9g、生姜 9g、紫菀 9g、冬花 9g、射干 9g、细辛 6g、山药 12g、\
枳实 6g、陈皮 6g、藿香 9g"
```

新的输出显示要求为：标题"清肺排毒汤"居中显示；正文每行显示 4 味中草药，每味中草药及其用量信息占 10 个字符宽度；行间距是一行（输出一个空行）。程序运行效果如下。

清肺排毒汤			
麻黄 9g	炙甘草 6g	杏仁 9g	生石膏 15~30g(先煎)
桂枝 9g	泽泻 9g	猪苓 9g	白术 9g
茯苓 15g	柴胡 16g	黄芩 6g	姜半夏 9g

生姜 9g	紫菀 9g	冬花 9g	射干 9g
细辛 6g	山药 12g	枳实 6g	陈皮 6g
藿香 9g			

分析：本题原始处方字符串中各味中草药之间是用"、"分隔的,而新的输出显示中各味中草药各占宽度相等的输出位置,并且没用分隔符进行切分,因此需要对原始字符串进行切分,分离出各味中草药,进行相同宽度的左对齐输出,且控制每行输出 4 味中草药后换行,另输出一个空行作为行与行之间的间隔。由于本题需要提前用到循环结构控制语句,因此核心代码后都给出了注释说明供参考。

实验步骤：

1)添加并完善程序代码

新建文件,输入以下代码,填写正确代码以替换横线,不修改其他代码,实现题目功能。

```
formulaName = "清肺排毒汤"
formula = "麻黄 9g、炙甘草 6g、杏仁 9g、生石膏 15~30g(先煎)、\
桂枝 9g、泽泻 9g、猪苓 9g、白术 9g、茯苓 15g、柴胡 16g、黄芩 6g、\
姜半夏 9g、生姜 9g、紫菀 9g、冬花 9g、射干 9g、细辛 6g、山药 12g、\
枳实 6g、陈皮 6g、藿香 9g"

print(formulaName.center(40),"\n")      #处方名称居中输出,并输出一个空行
n = formula.count("、")                  #计算顿号个数->n
remain = formula                        #给 remain 赋初值 formula
for i in range(1,n + 1):                #实现对前 n 味中草药采用统一方法处理
    pos = _____               #查找"、"的位置->pos
    herb = _____              #以 pos 为界,切片得到第一味中草药的字符串
    herb = "{:<10}".format(herb)        #用 format()方法格式化 herb
    print(herb, end="")                 #输出格式化后的 herb 的信息
    if i % 4 == 0:                       #控制每行输出 4 味中草药,并加入空行
        print("\n")
    remain = _____            #更新 remain,将处理过的中草药从 remain 中去掉
print(remain)                           #输出最后一味中草药的信息
```

2)保存并运行程序

将文件保存为 PY30402.py,运行程序,验证程序的正确性并观察程序执行效果。

3)提示

对存在固定分隔符的字符串进行字符串分解的问题,可以采用本题类似的字符串逐个查找分隔符进行切片分解的方法,还可以通过字符串内置的处理方法 split()进行根据指定分隔符的字符串切分操作,所得结果为由切分出的子串组成的列表。列表作为最重要的组合数据类型将在第 6 章实验中详细学习和使用。

3. 化合物水溶性数据的格式化输出

要求：实验测得的若干化合物的水溶性数据记录在一个长字符串 s 中：s = "IdentityNo.,Solubility\nLT-615-348,0.019714\nLT-771-215,0.03072346",由于 s 中包含了换行符"\n",因此若直接用 print 语句对 s 进行输出,则显示结果如下。

```
IdentityNo.,Solubility
LT-615-348,0.019714
LT-771-215,0.03072346
```

编程实现以下格式化输出,新的输出显示要求为:用中文"化合物编号"和"水溶性值"替代原字符串中的英文标签,解析出的化合物编号靠左对齐,而水溶性值靠右对齐,程序运行效果如下。

化合物编号	水溶性值
LT-615-348	0.0197
LT-771-215	0.0307

分析:本题原始数据字符串中是用换行符"\n"分隔一行标签和两行化合物编号、水溶性值数据,因此需要借助换行符"\n"所在的位置进行字符串的第一层分解,而每行数据之间又是通过逗号","进行分隔的,因此需要对第一层分解出的每行语句再根据","进行第二层分解,将两次分解后的结果按要求格式进行输出控制,具体分解方法可参考第 2 题。

实验步骤:

1)添加并完善程序代码

新建文件,输入以下代码,请在……处使用一行或多行代码替换,不修改其他代码,实现题目功能。

```
s = "IdentityNo.,Solubility\nLT-615-348,0.019714\nLT-771-215,0.03072346"
print(s)
……
print("化合物编号{:>8}".format("水溶性值"))
print("{:<10}{:>12.4f}".format(id1, sValue1))
print("{:<10}{:>12.4f}".format(id2, sValue2))
```

2)保存并运行程序

将文件保存为 PY30403.py,运行程序,验证程序的正确性并观察程序执行效果。

3)提示

请尝试采用两种方法实现以上功能:一是采用字符串内置方法 find()查找分隔符位置,然后进行字符串切片;二是通过字符串内置方法 split()将已知分隔符的字符串分解为列表,然后对列表元素进行下一步的分解处理。

3.4　实　验　解　析

3.4.1　基本概念题解析

1. 答案:A

解析:Python 的数字类型包括整数类型、浮点数类型、复数类型 3 种,二进制是整数类型的一种表示形式,故本题选择 A 选项。

2.答案：C

解析：Python 中的浮点数类型拥有十进制法和包含 e 的类科学记数法两种表示形式，因此，2E3、2e－3 和 2000.0 均为浮点数，故本题选择 C 选项。

3.答案：B

解析：Python 提供的整数类型有 4 种进制的表示形式，分别是二进制、八进制、十进制和十六进制。其中，二进制以 0b 或 0B 引导，且二进制的数码只有 0 和 1，进位规则是逢二进一，故本题选择 B 选项。

4.答案：A

解析：Python 内置的数值运算操作符有 9 个，分别是＋、－、＊、/、//、％、－（单目）、＋（单目）、＊＊，故本题选择 A 选项。

5.答案：C

解析：Python 算术表达式的计算优先级与相应的数学表达式的计算优先级相同，本题中的表达式 5.0－8 ＊ 2 ＊＊ 3 ％ 5 // 3－True 的计算顺序为，首先计算 2 ＊＊ 3 结果为 8，然后计算 8 ＊ 8 结果为 64，接着计算 64 ％ 5 结果为 4，计算 4 // 3 结果为 1，计算 5.0－1 结果为 4.0，最后计算 4.0－True，由于此时 True 取值为 1，因此最终结果为 3.0。计算过程中需注意 Python 中不同数字类型之间可以进行混合运算，运算后生成的结果为最宽类型，故本题选择 C 选项。

6.答案：D

解析：Python 内置的 int() 函数用于将一个数值或数值型字符串转换为十进制的整数形式，前提是转换对象能够成功取整或者转换为一个整数。由于 3＋0j 是一个复数，Python 中规定一个复数即使虚部为 0，也不能转换成一个整数，故本题选择 D 选项。

7.答案：B

解析：Python 内置的 divmod() 函数把两个参数的整除和取余运算结果结合起来，返回一个包含整除商和余数的元组，故本题选择 B 选项。

8.答案：B

解析：Python 语法中允许通过采用逗号表达式的方式一次性给多个变量赋初值，故 x，y ＝ 4.0，4 同时完成了 x ＝ 4.0，y ＝ 4 的赋值，y －＝ x 中的"－＝"是 Python 的增强赋值操作符，相当于执行语句 y ＝ y － x，由于 y 的值是 4，而 x 的值是 4.0，一个整数与一个浮点数相减时，Python 的计算规则是不同数字类型之间可以进行混合运算，运算后生成的结果为最宽类型，即整数和浮点数混合运算，输出结果是浮点数，因此该语句执行后 y 中的值为浮点数 0.0，故本题选择 B 选项。

9.答案：C

解析：Python 中的"＝＝"是一个关系运算符，功能是判断左右两边表达式的值是否相等，本题中的表达式 0.1＋0.2 ＝＝ 0.3 在数学含义上判断是否相等的结果应是 True，而真正运行时会发现输出的结果是 False，这是因为整数或浮点数在用计算机进行存储和运算时都会转换成二进制的形式，同十进制一样，二进制也会存在无限循环小数，而计算机对浮点数的表示通常是有二进制位数限制的，这使得在二进制的表达上必须采用取近似值的手段丢掉一些二进制位，因此会造成不可避免的浮点数精度丢失问题，所以才会出现本题中的特例情况，故本题选择 C 选项。

10. 答案：D

解析：Python 内置的 complex() 函数用于创建一个复数或者将一个数值或数值型字符串转换为复数形式，其返回值为一个复数，且虚部为 0 时，也不可以被省略，故本题选择 D 选项。

11. 答案：C

解析：Python 语言中采用严格的"缩进"表明程序格式，结构之间是可以产生嵌套的；Python 的整数类型理论上没有取值范围的限制，实际上的取值范围仅受限于运行 Python 程序的机器的内存大小，而浮点数类型与整数类型由计算机的不同硬件单元执行，处理方法也不同，Python 浮点数的取值范围和小数精度受不同计算机系统的限制，超出上限时会产生溢出错误；Python 中为整数类型提供了二进制、八进制、十进制和十六进制 4 种进制表示，故本题选择 C 选项。

12. 答案：B

解析：Python 中的复数与数学中的复数概念一致；z＝a＋bj，其中 a 是实部，b 是虚部，虚数单位用 j 或者 J 标识。a 和 b 都是浮点数类型，若 a 为 0，则可以省略实部，但必须有表示虚部的浮点数 b 和 j（或者 J），即使 b 为 0，也不能省略 j，b 为 1，也不能仅记为 j，而需记为 1j；复数可以进行四则运算；可以用 z.real 获得实数部分，用 z.imag 获得虚数部分，故本题选择 B 选项。

13. 答案：D

解析：对于本题中的复数 z，其实部为 1.23e−4，虚部为 5.6e＋78j，因此 z.real 的值应为 1.23e−4，显示为 0.000123，故本题选择 D 选项。

14. 答案：B

解析：Python 可以使用单引号、双引号或三单引号、三双引号作为字符串的定界符，因此空字符串可以表示为""或''；字符串中有一些特殊字符无法从键盘输入或该字符已经被定义为其他用途，要使用这些字符，就必须使用反斜杠"\"引导转义这些特殊字符；Python 允许混合使用正整数和负整数进行索引和切片；Python 字符串采用[N:M]格式进行切片，获取字符串从索引第 N 到第 M 的子字符串（包含 N，但不包含 M），故本题选择 B 选项。

15. 答案：C

解析：Python 中的字符串没有固定长度的限制；Python 字符串除了可以由"＋"完成两个字符串的连接，由"＊"完成重复多次连接一个字符串生成新的字符串外，不能进行数学运算，即使字符串中的字符都为数字也不可以；三引号可以表示单行或多行字符串，因此，在三引号字符串中可包含换行、回车等特殊的字符；由于字符串属于固定类型，因此不可以进行切片赋值操作，故本题选择 C 选项。

16. 答案：B

解析：Python 字符使用 Unicode 编码表示和存储；chr(x) 和 ord(x) 函数是一对反函数，用于在单字符和 Unicode 编码值之间进行转换；chr(x) 返回 Unicode 编码 x 对应的单字符，而 ord(x) 用于返回单字符对应的 Unicode 编码，print(chr('a')) 和 print(ord(65)) 语句中两个函数的实参类型均出错，故本题选择 B 选项。

17. 答案：B

解析：Python 字符串可以进行大小比较，其比较规则为，按索引号由小到大的顺序，把索引号相同的字符做两两比较,第一对不相同的字符中,Unicode 码大的字符所在的字符串大;如果所有可比字符对都相同,长度大的字符串大,故本题选择 B 选项。

18. 答案：B

解析：字符串 s 中虽然有 7 个符号,但两个"\"引导的都是转义字符,"\"与它后面相邻的一个字符共同组成新的含义,其中"\t"表示制表符,而"\b"表示光标回退,它们均只占一个字符长度,故本题选择 B 选项。

19. 答案：B

解析：Python 中允许采用逗号表达式,将一个字符串赋值给与字符串长度相当的多个变量,因此 a,b,c,d = 'Drug'语句执行后,a,b,c,d 的值分别为字符"D""r""u""g"。Python 字符可以由"+"完成两个字符串的连接,因此 a+c 的结果为字符串"Du",故本题选择 B 选项。

20. 答案：C

解析：Python 中采用反斜杠"\"引导一些转义字符,"\"与它后面相邻的一个字符共同组成新的含义用来表示一些无法从键盘输入的特殊字符,常用的转义字符有\t、\n、\b、\r 等,而当字符串本身就包含这些符号时,则需要在反斜杠"\"前再加一个反斜杠"\"用于取消第二个反斜杠的转义字符的功能,故本题选择 C 选项。

21. 答案：C

解析：Python 字符串是一个字符序列,字符串字符的序号称为字符的"索引",可以通过<string>[<start>：<end> ：<step>]的方式进行字符串切片截取,start 和 end 都是整数型数值,这个子序列从索引 start 开始直到索引 end 结束,但不包括 end 位置,根据 step 决定截取字符的方向和步长：step 为正数,表示正向取;step 为负数,表示反向取;step 如果缺省,表示 step 为 1。由于本题需要取所给字符串的逆序串,因此采用缺省 start 和 end 表示取全部字符串,step 设为−1,表示反向取,应当记住这种常用的获取字符串逆序输出的方式<string>[::−1],故本题选择 C 选项。

22. 答案：C

解析：Python 字符串是一个字符序列,字符串字符的序号称为字符的"索引",可以通过两个索引值确定一个位置范围,返回这个范围的子串(切片),格式为<string>[<start>：<end>],start 和 end 都是整数型数值,这个子序列从索引 start 开始直到索引 end 结束,但不包括 end 位置,Python 中有从第 1 位索引号为 0 开始的正向递增和从最后一位索引号为−1 开始的反向递减两种字符串索引编号方式,这两种索引字符的方法可以在一个切片表示中同时使用,故本题选择 C 选项。

23. 答案：A

解析：Python 字符串是一个字符序列,字符串字符的序号称为字符的"索引",可以通过<string>[<start>：<end> ：<step>]的方式进行字符串切片截取,start 和 end 都是整数型数值,这个子序列从索引 start 开始直到索引 end 结束,但不包括 end 位置,根据 step 决定截取字符的方向和步长：step 为正数,表示正向取;step 为负数,表示反向取;step 如果缺省,表示 step 为 1。本题中的切片表达式为 s[1::3],表示从索引号为 1 的字符开始,每次索引号增加 3 来不断截取字符,直到在 s 串中取不到对应字符为止,故本题选择 A 选项。

24. 答案：B

解析：本题考核了 Python 内置的 4 个字符串处理方法，其中 str.strip([chars]) 的功能是返回字符串 str 的副本，在其左侧和右侧去掉 chars 中列出的字符，但字符串中间的 chars 是去不掉的；str.replace(old，new) 的功能是返回字符串 str 的副本，str 中所有的 old 子串被替换为 new；str.find(sub) 的功能是在 str 中查找 sub 值的子串，如果找到，则返回第一次找到 sub 的索引；如果找不到，则返回 −1；str.zfill(width) 的功能是返回字符串 str 的副本，长度为 width，不足部分在左侧添 0。题目中需要去掉字符串"哈哈哈哈世界这么大哈，我想去溜达！哈哈哈哈哈"中所有的"哈"字，因此可采用 replace() 方法将所有的"哈"字替换为空字符串，故本题选择 B 选项。

25. 答案：C

解析：可以获得字符串 str 大写副本的是字符串内置方法 str.upper()，而不是函数 upper(str)；Python 字符串仅支持"+"" * "操作，不支持"/"操作；Python 提供了字符串内置函数 len(str) 用于返回字符串 str 的长度；str.isnumeric() 方法用来检测字符串是否只由数字组成，如果字符串中只包含数字字符，则返回 True，否则返回 False，故本题选择 C 选项。

26. 答案：C

解析：Python 内置的字符串处理方法 str.join(iterable) 的功能是返回由 str 值连接 iterable 所有元素形成的新字符串，但使用时须保证用于连接的迭代类型 iterable 中的各个元素必须是字符串。本题中的","".join([1,2,3,4,5]) 中 jion 后的列表中的元素是数值，而非字符串，因此执行时会报"TypeError"类型错误，故本题选择 C 选项。

27. 答案：C

解析：Python 内置的字符串处理方法 str.split(sep) 的功能是根据 sep 的值切分 str，得到若干子串，由这些子串组成的列表，分隔符 sep 缺省时，会将空格符作为分隔符，连续的空格会被视为单个分隔符。本题中的字符串 s 赋值为 "GS,NS,NG,NE."，该字符串中并没有空格符，因此 s.split() 并没有进行以空格符作为分隔符的字符串分隔，而是将整个字符串作为结果列表的一个元素，故本题选择 C 选项。

28. 答案：A

解析：Python 内置的字符串格式化处理方法的调用格式为：＜模板字符串＞.format（＜逗号分隔的参数＞）。其中 ＜模板字符串＞ 包括需原样返回的字符和槽，槽规定如何格式化参数得到子串。本题的模板字符串中包含两个花括号括起来的槽分别对应参数 a 和 b 的输出格式，其中 a 对应的槽为{：＊＞10}，表示变量 a 的输出格式为：填充符号是" ＊ "，对齐方式是右对齐，输出宽度为 10，而 b 对应的槽为{：＊＜10}，表示变量 b 的输出格式为：填充符号是" ＊ "，对齐方式是左对齐，输出宽度也为 10，因此输出效果为"＊＊＊＊＊＊＊CPR：AED＊＊＊＊＊＊＊"，故本题选择 A 选项。

29. 答案：C

解析：Python 内置的字符串格式化处理方法的调用格式为：＜模板字符串＞.format（＜逗号分隔的参数＞）。其中 ＜模板字符串＞ 包括需原样返回的字符和槽，槽规定如何格式化参数得到子串。本题的模板字符串中包含两个花括号括起来的槽分别对应后面的两个输出对象 round(x) 和 round(x,3)，round(x[，ndigits]) 是 Python 内置的一个数值运算函数,其功能是对 x 四舍五入,保留 ndigits 位小数,若缺省 ndigits 参数,则 round(x)返回 x 四舍五入的整数值,因此本题中的 round(x)和 round(x,3)值分别为整数形式 3 和浮点数形式 3.142,其中第一个值对应的槽为{},表示没有输出格式限制,而第二个值对应的槽为{:6},表示输出格式为:输出宽度为 6,因此输出效果为"3   3.142",故本题选择 C 选项。

30. 答案:B

解析:本题代码的第一条语句是通过 eval()和 input()函数嵌套实现将用户从键盘输入的数值赋值给新创建的变量 x,当执行程序用户输入的是 10 时,x 的值即 10,接下来的代码是一个 if-else 构成的二分支结构,通过判断 if 后面的条件为 True 或者 False,从而决定选择哪部分代码执行,现在的条件是"if 20:",由于 20 是一个非 0 常数,在 Python 中如果条件表达式是非 0 值,则代表条件为 True,因此条件"if 20:"的结果恒为 True,故执行 print(True == 1)语句,Python 中规定逻辑常量 True 参与计算或者关系表达式判断时,可用数值 1 代替,因此表达式 True == 1 的结果为 True,程序运行结果为打印了一个 True。本题中的 if 条件判断与 x 的值没有直接关系,故本题选择 B 选项。

3.4.2　医药案例题参考答案

1. 参考代码

```
f1a = eval(input("请输入 A 的水溶性数值:"))
f2a = eval(input("请输入 A 的血红蛋白结合率:"))
f1b = eval(input("请输入 B 的水溶性数值:"))
f2b = eval(input("请输入 B 的血红蛋白结合率:"))

s = ((f1a - f1b) ** 2 + (f2a - f2b) ** 2) ** 0.5
print("所求相似度为:{:.2f}".format(s))
```

2. 参考代码

```
formulaName = "清肺排毒汤"
formula = "麻黄 9g、炙甘草 6g、杏仁 9g、生石膏 15~30g(先煎)、\
桂枝 9g、泽泻 9g、猪苓 9g、白术 9g、茯苓 15g、柴胡 16g、黄芩 6g、\
姜半夏 9g、生姜 9g、紫菀 9g、冬花 9g、射干 9g、细辛 6g、山药 12g、\
枳实 6g、陈皮 6g、藿香 9g"

print(formulaName.center(40),"\n")
n = formula.count("、")
remain = formula
for i in range(1,n + 1):
    pos = remain.find("、")
    herb = remain[:pos]
    herb = "{:<10}".format(herb)
    print(herb,end = "")
    if i % 4 == 0:
        print("\n")
```

```
    remain = remain[pos + 1:]
print(remain)
```

3. 参考代码

方法一（find()法）：

```
s = "IdentityNo.,Solubility\nLT-615-348,0.019714\nLT-771-215,0.03072346"
print(s)
'''
首先,清理数据去掉英文标题行信息
具体方法为:字符串切片,其中 start 设置为第一个化合物信息的起始索引
'''
s = s[s.find("LT"):]
'''
然后,计算第 1 个化合物的数据
1) 根据第一个化合物起始、结束字符的特征,截取第一个化合物的字符串,赋值给变量 cp1;
2) 找到逗号的位置,赋值给变量 pos;
3) 以 pos 位置为界,截取化合物编号字符串赋值给变量 id1;
4) 截取化合物水溶性字符串,经 float()函数转换为浮点数之后赋值给变量 sValue1。
'''
cp1 = s[:s.find("\n")]
pos = cp1.find(",")
id1 = cp1[:pos]
sValue1 = float(cp1[pos+1:])
'''
最后,计算第 2 个化合物的数据。
1) 截取第二个化合物的字符串,赋值给变量 cp2;
2) 找到逗号的位置,赋值给变量 pos;
3) 以 pos 位置为界,截取化合物编号字符串赋值给变量 id2;
4) 截取化合物水溶性字符串,经 float()函数转换为浮点数之后赋值给变量 sValue2。
'''
cp2 = s[s.find("\n")+1:]
pos = cp2.find(",")
id2 = cp2[:pos]
sValue2 = float(cp2[pos+1:])

print("化合物编号{:>8}".format("水溶性值"))
print("{:<10}{:>12.4f}".format(id1,sValue1))
print("{:<10}{:>12.4f}".format(id2,sValue2))
```

方法二（split()法）：

```
s = "IdentityNo.,Solubility\nLT-615-348,0.019714\nLT-771-215,0.03072346"
print(s)
'''
```

调用字符串的 split() 方法,用换行切分 s,得到列表 ls,列表元素为每行信息;

```
'''
ls = s.split("\n")
'''
```

1)取第一个化合物的字符串 ls[1],调用字符串的 split() 方法,用逗号切分得到列表 ls1;
2)把列表的第一个字符串赋值给变量 id1;
3)把列表的第二个字符串经 float() 函数转换为浮点数之后赋值给变量 sValue1。

```
'''
ls1 = ls[1].split(",")
id1 = ls1[0]
sValue1 = float(ls1[1])
'''
```

1)取第二个化合物的字符串 ls[2],调用字符串的 split() 方法,用逗号切分得到列表 ls2;
2)把列表的第一个字符串赋值给变量 id2;
3)把列表的第二个字符串经 float() 函数转换为浮点数之后赋值给变量 sValue2。

```
'''
ls2 = ls[2].split(",")
id2 = ls2[0]
sValue2 = float(ls2[1])

print("化合物编号{:>8}".format("水溶性值"))
print("{:<10}{:>12.4f}".format(id1,sValue1))
print("{:<10}{:>12.4f}".format(id2,sValue2))
```

实验 4　程序的控制结构

本实验主要学习 Python 顺序、分支和循环三大控制结构的基本构成、Python 异常处理的方法、标准库 random 的常用函数，以及化合物毒性分级、简易新冠中医药处方荐方程序两个医药数据处理案例的实现。

4.1　实 验 目 的

- 理解结构化程序的 3 种基本控制结构：顺序结构、分支结构和循环结构。
- 重点掌握各类分支结构，包括 if、if-else、if-elif-else 语句的具体用法。
- 重点掌握遍历循环、条件循环结构，包括 for 语句、while 语句、for-else 语句、while-else 语句、break 关键字、continue 关键字的具体用法。
- 掌握 Python 异常处理语句 try-except 及其用法。
- 掌握 random 库的常用函数，包括 randint()、random()、uniform()、choice()、sample()、seed()、randrange()、shuffle()等。
- 理解应用统计实验法求解 π 值的方法。
- 掌握化合物毒性分级、简易新冠中医药处方荐方程序两个医药数据处理案例的设计与实现。

4.2　知识点解析

4.2.1　程序的基本结构

程序由以下 3 种基本结构组成。
① 顺序结构；
② 分支结构；
③ 循环结构。

1. 顺序结构

顺序结构是程序按照线性顺序依次执行的一种运行方式。用流程控制描述顺序结构如图 4.1 所示，其中语句块 1 和语句块 2 表示一条或一组顺序执行的语句。顺序结构是程序设计中最基本、最简单的结构。

2. 分支结构

分支结构是程序根据条件判断结果，从不同组操作中选择一组操作执行的运行方式，包括单分支结构、二分支结构和多分支结构，其中多分支结构是由二分支结构扩展得到的。单分支结构和二分支结构如图 4.2 所示。

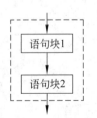

图 4.1　顺序结构
流程图

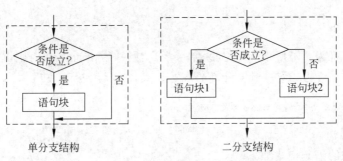

图 4.2　分支结构流程图

3. 循环结构

循环结构是程序在某些条件限制下重复执行一条或一组语句的一种运行方式。根据循环体触发条件的不同,分为条件循环和遍历循环两种,如图 4.3 所示。

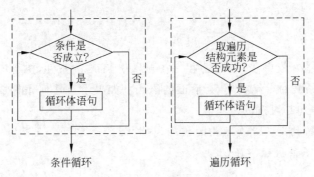

图 4.3　循环结构流程图

4.2.2　分支结构的实现

分支结构主要有以下 3 种形式。

① 单分支结构;

② 二分支结构;

③ 多分支结构。

1. 单分支结构

单分支结构的语句格式如下。

```
if  <条件>:
    语句块
```

语句执行过程为:先判断条件,如果结果为真,则执行语句块,否则什么也不做。

注意:if、冒号":"和"语句块"前的缩进都是语句的基本构成部分。

2. 二分支结构

二分支结构的语句格式如下。

```
if  <条件>:
    <语句块 1>
```

```
else:
    <语句块 2>
```

语句执行过程为：先判断条件，如果结果为真，则执行语句块 1，否则执行语句块 2。

注意：二分支结构还有一种更紧凑的表达方式，其语法格式如下。

<表达式 1> if <条件> else <表达式 2>

3. 多分支结构

多分支结构的语句格式如下。

```
if <条件 1>:
    <语句块 1>
elif <条件 2>:
    <语句块 2>
...
else:
    <语句块 N>
```

语句执行过程为：依次评估、寻找第一个结果为 True 的条件，执行该条件下的语句块，结束后跳过整个 if-elif-else 结构，执行后面的语句。如果没有任何条件成立，else 下面的语句块被执行，else 子句是可选的。

注意：多分支结构是二分支结构的扩展，这种形式通常用于设置同一个对象不同判断条件成立时对应的多条执行路径。

4.2.3 循环结构的实现

循环结构主要有以下两种形式。

① 遍历循环；

② 条件(无限)循环。

1. 遍历循环：for 语句

遍历循环的语句格式如下。

```
for  <循环变量>  in  <遍历结构>:
    <语句块>
```

遍历循环可以理解为从遍历结构中逐一提取元素，放在循环变量中，每成功提取一次遍历结构元素，则执行一次语句块。for 语句的循环执行次数是根据遍历结构中的元素个数确定的。

注 1：遍历结构可以是 range()函数、字符串、组合数据类型、文件等多种形式。

注 2：遍历循环还有一种扩展模式，其语句格式如下。

```
for  <循环变量>  in  <遍历结构>:
    <语句块 1>
else:
    <语句块 2>
```

其中,else 语句只在 for 循环正常执行并退出(循环没有通过 break 语句或是 return 语句提前跳出)后才得以执行并结束。

2. 条件循环：while 语句

条件循环的语句格式如下。

```
while  <条件>:
    <语句块>
```

条件循环可以理解为一直保持循环操作直到特定循环条件不被满足才结束,不需要提前确定循环执行次数。

注意：条件循环也有一种扩展模式,其语句格式如下。

```
while  <条件>:
    <语句块 1>
else:
    <语句块 2>
```

其中,else 语句只在 while 循环正常执行并退出(循环没有通过 break 语句或是 return 语句提前跳出)后才得以执行并结束。

3. 循环关键字：break 和 continue

break 和 continue 是常常出现在循环结构内部的 Python 关键字,其中 break 用来跳出最内层 for 或 while 循环,脱离该循环后,程序从循环后的代码继续执行;continue 则用来结束当前当次循环,即跳过循环体中下面尚未执行的语句,但不跳出当前循环。

4.2.4　程序的异常处理

Python 使用 try-except 语句实现异常处理,基本的语句格式如下。

```
try:
    <语句块 1>
except <异常类型>:
    <语句块 2>
```

其中,语句块 1 是正常执行的程序内容,当执行这个语句块发生 except 关键字引导的异常类型时,则执行后面的语句块 2。

注意：除 try 和 except 关键字外,异常语句还可以与 else 和 finally 关键字配合使用,语句格式如下。

```
try:
    <语句块 1>
except <异常类型>:
    <语句块 2>
else:
    <语句块 3>
finally:
    <语句块 4>
```

在语句块 1 没有发生异常时,程序后续的执行顺序是语句块 3、语句块 4;当执行语句块 1 时发生了 except 关键字引导的异常类型,程序后续的执行顺序便是语句块 2、语句块 4。

4.2.5 random 库简介

Python 内置的标准库 random 主要用于产生各种分布的伪随机数序列。random 库采用梅森旋转(Mersenne twister)算法生成伪随机数序列,可用于除随机性要求非常高的加解密算法外的大多数工程应用。

random 库提供了不同类型的随机数函数,所有函数都基于最基本的 random.random() 函数扩展而来,其主要函数如表 4.1 所示。

表 4.1　random 库中的主要函数

函　　　数	功　　　能
seed(a = None)	初始化随机数种子,默认值为当前系统时间
random()	生成一个[0.0,1.0)的随机小数
randint(a, b)	生成一个[a,b]的随机整数
getrandbits(k)	生成一个 k 位长的随机整数
randrange(start, stop[, step])	生成一个[start,stop)的以 step 为步长的随机整数
uniform(a, b)	生成一个[a,b]的随机小数
choice(seq)	从序列类型 seq 中随机返回一个元素
shuffle(seq)	对序列类型 seq 中的元素进行随机排列,返回排列后的序列
sample(seq, k)	从序列类型 seq 中随机选取 k 个元素,以列表类型返回

4.3　实　验　内　容

4.3.1　基本概念题

1. 以下选项中,不是 Python 语言基本控制结构的是(　　　)。

　　A. 顺序结构　　　　　　　　　　　B. 跳转结构

　　C. 分支结构　　　　　　　　　　　D. 循环结构

2. 关于 Python 的分支结构,以下选项描述错误的是(　　　)。

　　A. 分支结构使用 if 关键字

　　B. 分支结构可以向已经执行过的语句部分跳转

　　C. Python 中的 if-elif-else 语句用来形成多分支结构

　　D. Python 中的 if-else 语句用来形成二分支结构

3. 关于分支结构,以下选项描述不正确的是(　　　)。

　　A. if 语句中语句块执行与否依赖于条件判断

　　B. if 语句中条件部分可以使用任何能够产生 True 和 False 的语句和函数

　　C. 多分支结构用于设置多个判断条件,以及对应的多条执行路径

D. 二分支结构有一种紧凑格式，使用关键字 if 和 elif 实现

4. 以下选项中，描述正确的是（　　）。

　　A. 条件 10 <= 20 < 30 是合法的，且结果为 False

　　B. 条件 10 <= 30 < 20 是合法的，且结果为 False

　　C. 条件 10 <= 30 < 20 是不合法的

　　D. 条件 10 <= 30 < 20 是合法的，且结果为 True

5. 用来判断当前 Python 语句在分支结构中的是（　　）。

　　A. 引号　　　　　　　　　　　　　　B. 冒号

　　C. 缩进　　　　　　　　　　　　　　D. 大括号

6. 从键盘输入数字 5，下面代码的输出结果是（　　）。

```
n = eval(input("请输入一个整数:"))
s = 0
if n >= 5:
    n -= 1
    s = 4
if n < 5:
    n -= 1
    s = 3
print(s)
```

　　A. 4　　　　　　　　B. 3　　　　　　　　C. 0　　　　　　　　D. 2

7. 下面代码的输出结果是（　　）。

```
a = 1.0
if isinstance(a, int):
    print("{} is int".format(a))
else:
    print("{} is not int".format(a))
```

　　A. 1.0 is not int　　　　　　　　　B. 出错

　　C. 无输出　　　　　　　　　　　　　D. 1.0 is int

8. 给出以下代码，下面选项中描述错误的是（　　）。

```
PM = eval(input("请输入 PM2.5 数值: "))
if PM > 75:
    print("空气污染,请小心!")
if PM < 35:
    print("空气良好,适度户外活动!")
```

　　A. 输入 20，无法得到"空气良好，适度户外活动！"

　　B. 输入 80，获得输出"空气污染，请小心！"

　　C. 输入 50，无输出

D. 输入 0,获得输出"空气良好,适度户外活动!"

9. 以下程序的输出结果是(　　)。

```
a = 0
b = 10
if (a > 0) and (b / a > 10):
    print("ok")
else:
    print("error")
```

A. 没有输出

B. error

C. ok

D. 报错:ZeroDivisionError:division by zero

10. 以下用于构成 Python 循环结构的关键字是(　　)。

   A. while　　　　　　B. loop　　　　　　C. if　　　　　　D. do…for

11. 关于 Python 的条件循环,以下选项中描述错误的是(　　)。

A. 条件循环通过 while 关键字构建

B. 条件循环需要提前确定循环次数

C. 条件循环一直保持循环操作,直到循环条件不满足才结束

D. 条件循环也称为无限循环

12. 关于 Python 的循环结构,以下选项中描述错误的是(　　)。

A. Python 通过 for、while 等关键字提供遍历循环和条件(无限)循环结构

B. 遍历循环中的遍历结构可以是字符串、文件、组合数据类型和 range()函数等

C. 每个 continue 语句只能跳出当前层次的循环

D. break 用来跳出最内层 for 或者 while 循环,脱离该循环后程序从循环结束后的代码继续执行

13. 下列快捷键中,能够中断 Python 程序运行的是(　　)。

   A. Esc　　　　　　B. Ctrl+C　　　　　　C. Ctrl+Q　　　　　　D. Ctrl+Break

14. 关于 Python 的循环结构,以下选项描述错误的是(　　)。

A. 循环结构有两个辅助循环控制的关键字 break 和 continue

B. Python 使用关键字 for 实现遍历循环

C. break 用来结束当前当次语句,但不跳出当前的循环体

D. break 结束整个循环过程,不再判断循环的执行条件

15. 以下程序的输出结果是(　　)。

```
for i in range(1, 6):
    if i % 4 == 0:
        continue
    else:
        print(i, end=",")
```

A. 1,2,3,　　　　　B. 1,2,3,4,　　　　　C. 1,2,3,5,　　　　　D. 1,2,3,5,6,

16. 在 Python 语言中,使用 for 循环时循环变量不能遍历的类型是(　　)。

A. 列表　　　　B. 复数　　　　C. 字符串　　　　D. 字典

17. random 库中用于生成随机小数的函数是(　　)。

A. random()　　　B. randint()　　　C. getrandbits()　　　D. randrange()

18. random.uniform(a,b)的作用是(　　)。

A. 生成一个[a,b]的随机整数

B. 生成一个[a,b)的随机整数

C. 生成一个[a,b]的随机小数

D. 生成一个均值为 a,方差为 b 的正态分布

19. 下面代码的输出结果是(　　)。

```
s = '阿莫西林'
for i in range(len(s)):
    print(s[-i], end="")
```

A. 阿莫西林　　　B. 林西莫阿　　　C. 莫西林阿　　　D. 阿林西莫

20. 下面代码的输出结果是(　　)。

```
for i in "Amoxicillin":
    print(i, end="")
    if i == "i":
        break
```

A. Amox　　　B. Amoxi　　　C. Amoxic　　　D. Amoxicillin

21. 给出下面代码:

```
a, b = 5, 2
if a % 2 != 0:
    b = 1
for i in range(b, a + 2, 2):
    print(i)
```

上述程序输出值的个数是(　　)。

A. 5　　　　B. 4　　　　C. 3　　　　D. 6

22. 执行下面代码,输入"CPR110",输出结果是(　　)。

```
s = input()
for i in s:
    if '0' <= i <= '9':
        continue
    else:
        s.replace(i, '')
print(s)
```

A. CPR   B. CPR110   C. 110   D. 110 CPR

23. 给出下面代码:

```
b = 65
while b > 1:
    print(b)
    b //= 2
```

上述程序的循环执行次数是(　　)。

A. 6   B. 5   C. 8   D. 32

24. 给出下面代码:

```
while True:
    a = eval(input("请输入一个数值:"))
    if a // 5:
        break
```

输入以下选项中的值,不能使代码结束的是(　　)。

A. 4   B. 5   C. 6   D. 7

25. 给出下面代码:

```
i = 1
while i <= 5:
    j = 1
    while j <= i:
        print("* ", end='')
        j += 1
    print()
    i += 1
```

以下选项中描述错误的是(　　)。

A. 第 i 行有 i 个星号

B. 外层循环用于控制打印的行数

C. 外层循环用于控制每行打印的"*"的个数

D. 内层循环用于控制每行打印的"*"的个数

26. 下面代码的输出结果是(　　)。

```
TCM = ["玉叶金花", "甘草", "金银花", "天山雪莲", "西红花"]
for s in TCM:
    if "花" in s:
        print(s, end="")
        continue
```

A. 玉叶金花金银花西红花

B. 玉叶金花

C. 西红花

D. 玉叶金花

　金银花

　西红花

27. 以下关于 Python 语言中 try 语句的描述,错误的是(　　　)。

A. try 用来捕捉执行代码发生的异常,处理异常后能够回到异常处继续执行

B. 当执行 try 代码块触发异常后,会执行 expect 后面的语句

C. 一个 try 代码块可以对应多个处理异常的 except 代码块

D. try 代码块不触发异常时,不会执行 except 后面的语句

28. 以下不属于 Python 中异常处理结构的是(　　　)。

A. try-except　　　　　　　　　　B. try-except-if

C. try-except-else　　　　　　　　D. try-except-finally

29. 以下语句不会引发异常的是(　　　)。

A. a = b = 4+5j　　　　　　　　B. 11+"0"

C. 10/False　　　　　　　　　　D. print " aspirin "

30. 执行以下代码,导致输出"输入有误"的输入是(　　　)。

```
try:
    a = eval(input()) * 2
    print(a)
except:
    print('输入有误')
```

A. 'APC'　　　　　　　　　　　B. '123'

C. APC　　　　　　　　　　　　D. 123

4.3.2　简单操作题

1. 根据用户输入的年份判断是否为闰年

要求:获得用户从键盘输入的年份,判断该年份是否为闰年,并输出结果。程序运行效果如下。

```
请输入年份:2020
2020 年是闰年
```

分析:闰年分为普通闰年和世纪闰年。普通闰年是指能被 4 整除但不能被 100 整除的年份,世纪闰年是指能被 400 整除的年份。由于本题需要根据用户输入的年份判断是否为闰年,因此可采用标准二分支结构实现。

实验步骤:

1) 添加并完善程序代码

新建文件,输入以下代码,填写正确代码以替换横线,不修改其他代码,实现题目功能。

```
year = _____
if (_____) or year % 400 == 0:
    print(year, "年是闰年")
else:

    _____
```

2）保存并运行程序

将文件保存为 PY40201.py，运行程序，验证程序的正确性并观察程序执行效果。

3）提示

复杂判断条件可由 and、or、not 等逻辑运算符连接关系表达式构成。

2. 根据用户输入的对齐模式进行输出格式控制

要求：获得用户的输入，将其当作对齐模式，用户输入 L、C、R，分别表示左对齐、居中对齐、右对齐，以 * 作为填充符号，25 字符宽度输出"Aspirin"字符串。程序运行效果如下。

```
请输入对齐模式:L
Aspirin******************
>>>
请输入对齐模式:C
*********Aspirin*********
>>>
请输入对齐模式:R
******************Aspirin
>>>
```

分析：由于本题需要通过用户输入的多个不同的值确定文本的输出格式控制，因此可采用 if-elif-else 语句实现多分支的条件判断。

实验步骤：

1）添加并完善程序代码

新建文件，输入以下代码，填写正确代码以替换横线，不修改其他代码，实现题目功能。

```
m = input("请输入对齐模式:")
s = "Aspirin"
if  m == "L":
    n = "<"
elif m == "C":

    _____
else:
    n = ">"
print("{_____}".format(s,n))
```

2）保存并运行程序

将文件保存为 PY40202.py，运行程序，验证程序的正确性并观察程序执行效果。

3) 提示

本例中,用于控制格式输出的 format() 方法中的格式控制标记应包含填充、对齐和宽度 3 个字段,其中填充和宽度字段题目中已明确给出,而对齐字段则通过判断用户输入的不同对齐模式代号,选择不同的路径为变量 n 赋值获得,请思考变量 n 的值在格式控制标记中应该如何正确显示。

3. 计算 5 个边长随机生成的正方形的面积和

要求:以 100 为随机数种子,随机生成 5 个 1～20 的随机整数作为 5 个正方形的边长,计算这 5 个正方形的面积和并在屏幕上输出结果,程序运行效果如下。

随机边长分别为 5 15 15 6 13 的 5 个正方形面积和为: 680

分析:指定随机种子的随机整数的生成需要用到 random 库中的 seed() 和 randint() 函数。由于本题需要完成重复执行 5 次随机整数生成、计算其平方并累加求和的过程,因此可采用计数循环结构实现。

实验步骤:

1) 添加并完善程序代码

新建文件,输入以下代码,填写正确代码以替换横线,不修改其他代码,实现题目功能。

```
import random

_____
s = _____
print("随机边长分别为", end=" ")
for i in range(5):
    d = _____
    _____
    print(d, end=" ")
print("的 5 个正方形面积和为:", s)
```

2) 保存并运行程序

将文件保存为 PY40203.py,运行程序,验证程序的正确性并观察程序执行效果。

3) 提示

利用循环结构实现累加求和时,务必在循环开始前创建累加器变量并赋值为 0,做好累加准备。

4. 根据提供的整数区间输出其中的所有素数

要求:从键盘输入两个大于 0 的整数,按要求输出这两个整数之间(不包括这两个整数)的所有素数,程序运行效果如下。

请输入区间起始值:10
请输入区间结束值:30
10 与 30 之间的素数为: 11 13 17 19 23 29

分析:素数又称为质数,是指除 1 和它本身外不再有其他因数的大于 1 的自然数。由于本题需求解两数之间的所有素数,因此可采用两重循环的嵌套结构实现。外层循环用于遍历两数之间的所有数,内层循环用于判断每个数是否除1和它本身外再没有其他因子,即判断该数是否为素数。

实验步骤:

1)添加并完善程序代码

新建文件,输入以下代码,填写正确代码以替换横线,不修改其他代码,实现题目功能。

```
a = eval(input('请输入区间起始值:'))
b = eval(input('请输入区间结束值:'))
print("{}与{}之间的素数为:".format(a, b),end=" ")
for num in range(_____):
    for i in range(_____):
        if _____:
            break
    else:
        print(num, end=" ")
```

2)保存并运行程序

将文件保存为 PY40204.py,运行程序,验证程序的正确性并观察程序执行效果。

3)提示

本题需要填写两重循环的 range()函数的取值范围,填写时务必遵循 range(start,stop)的取值范围是从 start 到 stop-1 的规则。判断素数的基本算法是:在判断一个数 num 是否为素数时,若该数能够被[2,num-1]的任何一个整数整除,则该数一定不是素数,只有不能被[2,num-1]中的所有数整除时,num 才是一个素数。请理解这里的内层循环使用 for-else 结构语句的含义。

5. 循环获得用户输入

要求:循环获得用户输入,直至用户输入"Y"或者"y"字符退出程序,程序运行效果如下。

```
请输入信息:a
请输入信息:b
请输入信息:c
请输入信息:y
>>>
```

分析:根据题目要求,程序运行时不断出现输入提示信息,用于接收输入的内容,直到输入内容为"Y"或者"y"终止并退出程序运行。由于事先并不知道会重复运行多少次用户输入,因此本题可采用条件循环结构实现。

实验步骤:

1)添加并完善程序代码

新建文件,输入以下代码,填写正确代码以替换横线,不修改其他代码,实现题目功能。

```
while _____:
    s = input("请输入信息:")
```

```
    if _____:
        break
```

2）保存并运行程序

将文件保存为 PY40205.py，运行程序，验证程序的正确性并观察程序执行效果。

3）提示

当程序要求重复执行某段操作，直到某一条件触发才结束重复操作时，通常选择 while 条件循环结构实现：一种方法是将条件放在 while 之后直接进行判断。如果条件在进入循环时不容易直接描述，则可以利用类似“while True:”这样的条件让循环一直执行下去，然后在循环体中通过 if 语句进行条件判断，当某一条件满足时即触发“break”语句，强制退出循环。可以尝试将该程序采用第一种方式进行改写。

6. 输出斐波那契数列

要求：根据斐波那契数列的定义，$F(1)=1,F(2)=1,\cdots,F(n)=F(n-1)+F(n-2)$ $(n>=2)$，输出所有不大于 50 的数列元素，程序运行效果如下。

```
不大于 50 的斐波那契数列元素为：
1,1,2,3,5,8,13,21,34,
```

分析：根据题目对斐波那契数列的定义，解读为：该数列的第 1 项为 1，第 2 项也为 1，第三项开始就可以定义为该项的前两项之和。由于事先并不知道不大于 50 的元素会有多少个，因此本题可采用条件循环结构实现。

实验步骤：

1）添加并完善程序代码

新建文件，输入以下代码，填写正确代码以替换横线，不修改其他代码，实现题目功能。

```
a, b = _____
print("不大于 50 的斐波那契数列元素为：")
while _____:
    print(a, end=',')
    a, b = _____
```

2）保存并运行程序

将文件保存为 PY40206.py，运行程序，验证程序的正确性并观察程序执行效果。

3）提示

Python 语法是允许在一条语句中同步创建多个变量并为这些变量同时赋值的，例如“a，b = b，a”这样的语句可实现变量 a、b 中的值互换，本题将利用这一语法规则实现只利用两个变量 a、b，不断重新赋值递推实现斐波那契数列取值。

4.3.3　综合应用题

1. 根据用户输入的带有单位后缀的长度值进行英寸和厘米间的单位互换

要求：若输入的长度值以“in”结束，则将英寸长度转换为厘米长度输出；若当输入的长度值以"cm"结束,则将厘米长度转换为英寸长度输出;如果输入的长度不是以"in""cm"结束的,则输出"输入格式错误"。程序运行效果如下。

```
请输入带有单位后缀的长度值:4in
转换后的长度为 10.16 厘米
>>>
请输入带有单位后缀的长度值:15cm
转换后的长度为 5.91 英寸
>>>
请输入带有单位后缀的长度值:20m
输入格式错误
```

分析:由于本题需要根据用户输入字符串的情况选择 3 种不同的处理方式,因此可采用 if-elif-else 语句实现多分支的条件判断。

实验步骤:

1)添加并完善程序代码

新建文件,输入以下代码,请在……处使用一行或多行代码替换,不修改其他代码,实现题目功能。

```
Length = input("请输入带有单位后缀的长度值:")
……
```

2)保存并运行程序

将文件保存为 PY40301.py,运行程序,验证程序的正确性并观察程序执行效果。

3)提示

Python 支持字符串正序和逆序索引两种形式,在进行字符串切片时,可以两种索引方式组合使用,而取字符串最后两个字符可通过 Length[−2:]这样的切片方式获得。

2. 根据用户输入的医用口罩购买数量计算并输出打折后的销售金额

要求:某医药用品销售平台出售整箱医用口罩,每箱定价 150 元,1 箱不打折,2 箱(含)到 3 箱(含)打九折,4 箱(含)到 9 箱(含)打八折,10 箱(含)以上打七折,用户通过键盘输入购买数量,屏幕上输出原价和折后价。程序运行效果如下。

```
请输入购买医用口罩总箱数:10
原价为:1500.00 元
折后价为:1050.00 元
```

分析:由于本题需要根据用户输入的购买数量的多少确定采用不同区间范围内对应的折扣率,从而计算出折后价格,因此可采用多分支结构实现多种情况的条件判断。

实验步骤:

1)添加并完善程序代码

新建文件,输入以下代码,请在……处使用一行或多行代码替换,不修改其他代码,实现题目功能。

```
n = eval(input("请输入购买医用口罩总箱数:"))
price = 150 * n
......
print("原价为:{:.2f}元".format(price))
print("折后价为:{:.2f}元".format(discount))
```

2) 保存并运行程序

将文件保存为 PY40302.py,运行程序,验证程序的正确性并观察程序执行效果。

3) 提示

Python 支持类似 a <= n <= b 这样联立不等式的条件表达式,用于判断 n 的值是否在[a,b]范围。

3. 统计不同类字符出现的次数

要求：用户从键盘输入一行字符,编写程序,统计并输出其中各类字符(中文字符、英文字符、数字、空格、其他字符)出现的次数。程序运行效果如下。

```
请输入一行字符:hello CPU 1234567 加油!
您输入了 2 个中文字符,8 个英文字符,7 个数字,3 个空格,1 个其他字符
```

分析：由于本题需要针对用户输入的字符串,逐一对其中的字符进行判断,分类统计,因此可采用遍历循环结构扫描整个字符串。而在循环结构内部,每取到一个字符后,需要判断其归属于哪一类字符。由于字符的分类众多,因此可以选择多分支结构进行字符类型的判断和个数的统计。

实验步骤：

1) 添加并完善程序代码

新建文件,输入以下代码,请在……处使用一行或多行代码替换,不修改其他代码,实现题目功能。

```
str = input("请输入一行字符:")
chi = alp = num = spa = oth = 0
......
print("您输入了{}个中文字符,{}个英文字符,{}个数字,{}个空格,{}个其他字符"\
        .format(chi, alp, num, spa, oth))
```

2) 保存并运行程序

将文件保存为 PY40303.py,运行程序,验证程序的正确性并观察程序执行效果。

3) 提示

判断一个字符 s 是否为中文字符可采用 chr(0x4e00) <= s <= chr(0x9fa5) 这样联立不等式的条件表达式完成,其中 0x4e00、0x9fa5 分别是 Unicode 编码中汉字的起始字符"一"和结束字符"顥"对应的十六进制编码值。

4. 统计在售药品信息

要求：从键盘输入一组在售药品的名称、数量、售价等信息,信息间采用空格分隔,每种药品一行,输入完所有药品,在提示信息后按 Enter 键结束录入。计算并输出这组药品的平

均售价(保留 2 位小数)和其中库存不足 20 的药品数量,程序运行效果如下。

```
请输入一组药品的名称、数量、售价:庆大霉素 15 16.8
请输入一组药品的名称、数量、售价:罗红霉素 25 12
请输入一组药品的名称、数量、售价:阿莫西林 80 42
请输入一组药品的名称、数量、售价:头孢克洛 12 21.5
请输入一组药品的名称、数量、售价:
药品平均售价是 23.07 库存不足 20 药品数有 2 种
```

分析:由于事先并不知道录入多少条药品记录,因此本题可采用条件循环结构实现。用户直接按 Enter 键,即接收录入的内容为空时,循环结束。

实验步骤:

1)添加并完善程序代码

新建文件,输入以下代码,请在……处使用一行或多行代码替换,不修改其他代码,实现题目功能。

```
data = input("请输入一组药品的名称、数量、售价:")
totalNum = lackNum = priceSum = 0
while data:
    ……
print("药品平均售价是{:.2f}库存不足20药品数有{}种".format\
        (priceSum / totalNum, lackNum))
```

2)保存并运行程序

将文件保存为 PY40304.py,运行程序,验证程序的正确性并观察程序执行效果。

3)提示

录入的每条药品信息记录包含以空格作为分隔符的药品名称、数量、售价等多个信息,可借助 split()函数对输入的内容进行切分,并分别赋值给代表当前药品的药品名称、数量、售价的变量,从而进行下一步统计分析工作。

5. 实现最大公约数计算

(1)简单实现求两数的最大公约数和最小公倍数。

要求:从键盘接收用户输入的两个正整数,编写程序,计算并输出这两个正整数的最大公约数和最小公倍数,程序运行效果如下。

```
请输入两个正整数,用,隔开:18,10
18、10 的最大公约数为:2,最小公倍数为:90
```

分析:求最大公约数可以使用辗转相除法,由于事先并不知道辗转相除的次数,因此本题可采用条件循环结构实现。

实验步骤:

1)添加并完善程序代码

新建文件,输入以下代码,请在……处使用一行或多行代码替换,不修改其他代码,实现题目功能。

```
m, n = eval(input("请输入两个正整数,用,隔开:"))
......
```

2）保存并运行程序

将文件保存为 PY40305_1.py,运行程序,验证程序的正确性并观察程序执行效果。

3）提示

计算两数的最小公倍数有多种算法,由于本题中首先计算了最大公约数,因此可采用将两数的乘积除以最大公约数计算最小公倍数,这就要求在进入循环之前保留原始数据信息。

（2）在题(1)基本功能实现的基础上做包含异常处理的程序改进。

要求：对题(1)实现的程序功能进行升级,使程序运行时能够不断获得用户输入的两个数字,计算并输出它们的最大公约数和最小公倍数。如果某次输入的数值非正整数,则要求用户重新输入;如果发生其他任何错误,则触发异常,要求用户重新输入;如果输入"0,0",则结束程序,程序运行效果如下。

```
请输入两个正整数,以 0,0 结束:18,10
18、10 的最大公约数为:2,最小公倍数为:90
请输入两个正整数,以 0,0 结束:3.6,1.2
输入值非法,请重新输入两个正整数!
请输入两个正整数,以 0,0 结束:a,b
运行有误,请重新输入!
请输入两个正整数,以 0,0 结束:0,0
>>>
```

分析：根据本题的要求,关于升级内容,可以归纳出三点:一是实现循环输入并计算,直到录入"0,0"运行结束;二是判断输入数值的类型,看其是否为正整数;三是如果出现其他任何异常,需要有异常处理机制应对。

实验步骤：

1）添加并完善程序代码

打开文件 PY40305_1.py,修改代码,实现题目功能。

2）保存并运行程序

将文件另存为 PY40305_2.py,运行程序,验证程序的正确性并观察程序执行效果。

3）提示

实现循环输入并计算直到给出结束指令,可利用类似"while True:"这样的循环条件让循环一直执行下去,然后在循环体中通过 if 语句进行条件判断,当输入的两数都是 0 时,触发"break"语句强制退出循环;判断输入的数值是否为正整数,可以通过判断该数值是否既是正数又是整数来处理;对于出现的其他异常情况,可以通过 try-except 语句实现异常捕获和处理。

6. 实现猜数游戏

（1）简单实现 0~100 的猜数游戏。

要求：在程序中预设一个 0~100 的整数,让用户通过键盘输入所猜的数,如果该数大于预设的数,则显示"您猜的数太大了!";如果该数小于预设的数,则显示"您猜的数太小了!",如此循环,直至猜中该数,显示"恭喜您,N 次努力后,猜中了! 这个数字是 X"结束程序,其中 N 是用户输入数字的次数,X 是预设数字。如果猜数超过 6 次仍然没有猜中,则显示"很遗憾,您已用完猜数机会!"结束程序。程序运行效果如下。

```
猜数范围在 0~100:50
您猜的数太大了!
猜数范围在 0~100:25
您猜的数太大了!
猜数范围在 0~100:15
您猜的数太小了!
猜数范围在 0~100:20
您猜的数太大了!
猜数范围在 0~100:18
恭喜您,5 次努力后猜中了!这个数字是 18
>>>
```

分析:预设的被猜数是指定范围随机生成的整数,可采用 random 库中的 randint()函数获得;猜数字时,由于事先并不知道猜中所用的次数,因此本题可采用条件循环结构实现。

实验步骤:

1)添加并完善程序代码

新建文件,输入以下代码,请在……处使用一行或多行代码替换,不修改其他代码,实现题目功能。

```
import random
random.seed(100)
answer = random.randint(0, 100)
n = 0
while True:
......
```

2)保存并运行程序

将文件保存为 PY40306_1.py,运行程序,验证程序的正确性并观察程序执行效果。

3)提示

本题的条件循环退出条件有两个:一是猜对了;二是猜数次数已达 6 次,因此可采用类似"while True:"引导的条件循环结构实现,在循环开始前首先创建计数变量并赋值为 0,在循环体中不断更新该变量,用于记录猜测次数,并进行判断,一旦猜对或是猜测次数达到最大值时,触发 break 语句退出循环。

(2)在题(1)基本功能实现的基础上做包含异常处理的程序改进。

要求:在题(1)中,当用户输入的不是整数(如非数字字符)时,程序会终止执行并退出,升级该程序,使得当用户输入非数字字符时,给出"输入有误!"的提示并让用户重新输入;当用户输入浮点数时,给出"输入内容必须为整数!"的提示并让用户重新输入。程序运行效果如下。

猜数范围在 0~100:x
输入有误!
猜数范围在 0~100:50
您猜的数太大了!
猜数范围在 0~100:25
您猜的数太大了!
猜数范围在 0~100:12.5
输入内容必须为整数!
猜数范围在 0~100:20
您猜的数太大了!
猜数范围在 0~100:15
您猜的数太小了!
猜数范围在 0~100:17
您猜的数太小了!
很遗憾,您已用完猜数机会!

分析:根据本题的要求,关于升级内容可以归纳出两点:一是判断输入内容是否为数值;二是如果确定输入的是数值,则判断输入数值的类型是否为正整数。

实验步骤:

1)添加并完善程序代码

打开文件 PY40306_1.py,修改代码,实现题目功能。

2)保存并运行程序

将文件另存为 PY40306_2.py,运行程序,验证程序的正确性并观察程序执行效果。

3)提示

对于判断输入内容是否为数值,可以通过 try-except 语句结合用于接收输入的 eval()、input()函数的嵌套使用,实现异常捕获和处理;判断输入的数值是否为整数,可以通过判断该数值所属数据类型是否为整型来处理。

4.3.4 医药案例题

1. 根据用户输入的 LD50 值完成化合物毒性分级

要求:LD50 是半数致死量,是指"能杀死一半实验总体的有害物质、有毒物质或游离辐射的剂量"(MeSH 定义)。按 WHO 化合物急性毒性分级标准,毒物的毒性分级如下。

剧毒:毒性分级 5 级;大鼠一次经口 LD50,小于 1mg/kg;

高毒:毒性分级 4 级;大鼠一次经口 LD50,1~50mg/kg;

中等毒:毒性分级 3 级;大鼠一次经口 LD50,50~500mg/kg;

低毒:毒性分级 2 级;大鼠一次经口 LD50,500~5000mg/kg;

微毒:毒性分级 1 级;大鼠一次经口 LD50,大于 5000mg/kg。

获取用户输入的一种化合物的大鼠一次经口 LD50 值,转换成毒性等级,给出对应的剧毒、高毒、中等毒、低毒、微毒等级判断结果。程序运行效果如下。

请输入大鼠一次经口 LD50 值(mg/kg):2500
对应的毒性等级是:2 级低毒

分析：由于本题需要根据用户输入的 LD50 值所处的不同区间判断毒物的毒性等级，因此可采用多分支结构实现针对多种情况的条件判断。

实验步骤：

1）添加并完善程序代码

新建文件，输入以下代码，填写正确代码以替换横线，不修改其他代码，实现题目功能。

```python
g = eval(input("请输入大鼠一次经口 LD50 值(mg/kg):"))
if g >= 5000:
    degree = "1 级微毒"
elif_____:
    degree = "2 级低毒"
elif_____:
    degree = "3 级中等毒"
elif_____:
    degree = "4 级高毒"
else:
    degree = "5 级剧毒"
print("对应的毒性等级是:{}".format(degree))
```

2）保存并运行程序

将文件保存为 PY40401.py，运行程序，验证程序的正确性并观察程序执行效果。

3）提示

在处理针对一个变量不同取值范围的多分支条件判断时，需注意条件的判断顺序不能太随意，因为判断多分支条件时，是从上到下逐一判断，一旦条件满足，立即进入相应的语句块执行。

思考：看下面代码是否能够同样实现以上程序功能？为什么？

```python
g = eval(input("请输入大鼠一次经口 LD50 值(mg/kg):"))
if g < 1:
    degree = "5 级剧毒"
elif g >= 1:
    degree = "4 级高毒"
elif g >= 50:
    degree = "3 级中等毒"
elif g >= 500:
    degree = "2 级低毒"
elif g >= 5000:
    degree = "1 级微毒"
print("对应的毒性等级是:{}".format(degree))
```

2. 新冠中医药处方荐方程序

（1）新冠中医药处方荐方程序基本功能实现。

要求：在我国抗击新冠疫情的战斗中，中医药做出了重大贡献，国家卫生健康委员会发布了《新型冠状病毒肺炎诊疗方案》,总结和规范了新型冠状病毒肺炎诊疗中中医药处方的使用,如图 4.4 所示。抗击新冠的过程中,医护人员勇敢地战斗在第一线,为守护人类健康做出了巨大贡献,请用学过的知识,为医生设计一个新冠中医药处方荐方程序,助力医生的诊疗工作。

医学观察期	
	藿香正气胶囊
	连花清瘟胶囊
	金花清感颗粒
	疏风解毒胶囊
临床治疗期	
轻型	寒湿郁肺证处方
	清肺排毒汤
	湿热蕴肺证处方
普通型	湿毒郁肺证处方
	清肺排毒汤
	寒湿阻肺证处方
重型	化湿败毒方
	清肺排毒汤
	气营两燔证处方
	喜炎平注射液
	血必净注射液
	醒脑静注射液
	热毒宁注射液
	痰热清注射液
危重型	苏合香丸
	安宫牛黄丸
	内闭外脱证处方
	参附注射液
	生脉注射液
	清肺排毒汤
	参麦注射液
	血必净注射液
	醒脑静注射液
	热毒宁注射液
	痰热清注射液
恢复期	
	肺脾气虚证处方
	气阴两虚证处方

图 4.4　摘自国家卫生健康委员会《新型冠状病毒肺炎诊疗方案》(第 7 版)

　　要求所开发程序的基本功能为:首先,请医生输入患者所处的时期,根据不同的时期,给出该患者可能适用的中药或处方列表(每行显示一个药或处方);若该患者所处的时期是临床治疗期,则请医生进一步输入临床分型的信息,根据临床分型给出患者可能适用的中药或处方的列表。程序运行效果如下。

请输入患者所处时期 (医学观察期、临床治疗期、恢复期) :医学观察期
医学观察期患者的适用处方为:
藿香正气胶囊
连花清瘟胶囊
金花清感颗粒

> 疏风解毒胶囊
>
> >>>
>
> 请输入患者所处时期(医学观察期、临床治疗期、恢复期):临床治疗期
>
> 请输入临床分类信息(轻型、普通型、重型、危重型):轻型
>
> 临床治疗期轻型患者的适用处方为:
>
> 寒湿郁肺证处方
>
> 清肺排毒汤
>
> 湿热蕴肺证处方
>
> >>>

分析:由于题目首先根据医生输入的患者所处的 3 个时期(医学观察期、临床治疗期、恢复期),选择不同的处方推荐,如果患者处于医学观察期或者恢复期,则直接给出推荐结果;如果患者处于临床治疗期,则需要医生再次输入患者的临床分型(轻型、普通型、重型、危重型),根据不同的分型再给出不同的推荐结果,因此本题可采用嵌套的两层分支结构实现。

实验步骤:

1)添加并完善程序代码

新建文件,完成程序框架及代码设计,实现题目功能。

2)保存并运行程序

将文件保存为 PY40402_1.py,运行程序,验证程序的正确性并观察程序执行效果。

3)提示

由于患者所处时期和临床治疗期患者的临床分型都是 3 种及 3 种以上的可能,因此本题选择 if-elif-else 引导的多分支结构语句比较合适。

(2)在题(1)基本功能实现的基础上实现增强功能 1:优化用户输入方式,提升用户体验。

要求:在题(1)中医生输入的患者所处时期及临床治疗患者的临床分型都是用文字进行输入,实际操作时非常不方便,请对输入方式进行优化。程序运行效果如下。

> 请输入患者所处时期(医学观察期 1、临床治疗期 2、恢复期 3):1
>
> 医学观察期患者的适用处方为:
>
> 藿香正气胶囊
>
> 连花清瘟胶囊
>
> 金花清感颗粒
>
> 疏风解毒胶囊
>
> >>>
>
> 请输入患者所处时期(医学观察期 1、临床治疗期 2、恢复期 3):2
>
> 请输入临床分类信息(轻型 1、普通型 2、重型 3、危重型 4):1
>
> 临床治疗期轻型患者的适用处方为:
>
> 寒湿郁肺证处方
>
> 清肺排毒汤
>
> 湿热蕴肺证处方
>
> >>>

分析:将文字输入替换为符号或代码输入是系统开发时提升用户体验度的常用方法

之一。

实验步骤：

1）添加并完善程序代码

打开文件 PY40402_1.py，修改代码，实现题目功能。

2）保存并运行程序

将文件另存为 PY40402_2.py，运行程序，验证程序的正确性并观察程序执行效果。

（3）在题（2）增强功能 1 实现的基础上实现增强功能 2：实现不退出程序的连续荐方。

要求：在一次荐方结束后，程序继续运行不退出，提示医生输入下一位患者所处的时期；当医生输入 0 时，结束程序运行。程序运行效果如下。

```
请输入患者所处时期(医学观察期 1、临床治疗期 2、恢复期 3):1
医学观察期患者的适用处方为:
藿香正气胶囊
连花清瘟胶囊
金花清感颗粒
疏风解毒胶囊
请输入患者所处时期(医学观察期 1、临床治疗期 2、恢复期 3):3
恢复期患者的适用处方为:
肺脾气虚证处方
气阴两虚证处方
请输入患者所处时期(医学观察期 1、临床治疗期 2、恢复期 3):0
>>>
```

分析：根据题目要求，程序运行时当医生输入患者信息给出荐方后程序并不退出，而是出现新的输入提示信息，用于进行下一轮判断，直到输入内容为"0"时终止并退出程序运行。由于事先并不知道重复运行多少次用户输入，因此本题可采用将题（2）的代码嵌套进一个以"while True:"引导的条件循环结构实现。

实验步骤：

1）添加并完善程序代码

打开文件 PY40402_2.py，修改代码，实现题目功能。

2）保存并运行程序

将文件另存为 PY40402_3.py，运行程序，验证程序的正确性并观察程序执行效果。

（4）在题（3）增强功能 2 实现的基础上实现增强功能 3：如果医生输入的信息出错，则给出相应的出错提醒。

要求：若医生输入的不是指定范围内的正整数，则提示重输；若医生输入的不是数值型字符，也提示重输。程序运行效果如下。

```
请输入患者所处时期(医学观察期 1、临床治疗期 2、恢复期 3):a
请输入一个数字!
请输入患者所处时期(医学观察期 1、临床治疗期 2、恢复期 3):4.5
请重新输入一个 1~3 的整数
请输入患者所处时期(医学观察期 1、临床治疗期 2、恢复期 3):2
```

```
请输入临床分类信息(轻型 1、普通型 2、重型 3、危重型 4):2.6
请重新输入一个 1~4 的整数
请输入临床分类信息(轻型 1、普通型 2、重型 3、危重型 4):2
临床治疗期普通型患者的适用处方为:
湿毒郁肺证处方
清肺排毒汤
寒湿阻肺证处方


请输入患者所处时期(医学观察期 1、临床治疗期 2、恢复期 3):0
>>>
```

分析:对于判断医生输入的患者信息代号是否为数值,可以通过 try-except 语句结合用于接收输入的 eval()、input()函数的嵌套使用,实现异常捕获和处理;而对于判断输入的数值是否为正整数,可以通过 if 条件判断来处理。此时,程序的整个框架结构中层次和嵌套较多,需要注意各层次之间的相互关系和顺序。

实验步骤:

1)添加并完善程序代码

打开文件 PY40402_3.py,修改代码,实现题目功能。

2)保存并运行程序

将文件另存为 PY40402_4.py,运行程序,验证程序的正确性并观察程序执行效果。

4.4 实 验 解 析

4.4.1 基本概念题解析

1. 答案:B

解析:Python 程序由 3 种基本结构组成:顺序结构、分支结构和循环结构,不包含跳转结构,故本题选择 B 选项。

2. 答案:B

解析:分支结构只能通过条件判断选择不同的语句块执行,不能实现任何向已经执行过的语句的跳转,只有循环结构可以实现向已经执行过的语句的跳转,故本题选择 B 选项。

3. 答案:D

解析:分支结构是程序根据条件判断结果从不同组操作中选择一组操作执行的运行方式,包括单分支结构、二分支结构和多分支结构,其中二分支结构的紧凑格式,是由关键字 if 和 else 实现的,其语法格式为:<表达式 1> if <条件> else <表达式 2>,故本题选择 D 选项。

4. 答案:B

解析:Python 支持类似 a <= n <= b 这样联立不等式的条件表达式,在判断这类表达式结果时,只遵循数学意义上的 n 是否在[a,b]范围内即可,其中 a、n、b 也可扩展为字符类型。本题中,首先表达式 10 <= 30 < 20 合法,其次表达式的结果为 False,故本题选择

B 选项。

　　5. 答案:C

　　解析:Python 程序中,缩进并不仅是格式要求,还是程序结构和语法的一部分,即用缩进清晰简明地表示结构上的包含关系,故本题选择 C 选项。

　　6. 答案:B

　　解析:若 n 赋值为 5,则第一个分支语句的 if 条件 n ≥ 5 满足,执行两条结构内部语句后,n 的值为 4,s 的值为 4,进入第二个分支条件判断,if 条件 n < 5 也满足,执行两条结构内部语句后,n 的值为 3,s 的值也为 3,故本题选择 B 选项。

　　7. 答案:A

　　解析:isinstance() 函数用于判断一个对象是否为一个已知的类型。本题中,创建变量 a 并赋值为 1.0,默认为 float 类型,因此分支结构的 if 条件判断 isinstance(a,int) 的结果为 False,执行 else 部分的语句,故本题选择 A 选项。

　　8. 答案:A

　　解析:本题是根据输入的 PM 值,通过两个分支结构比较当前 PM 值与指定分界值,得出空气情况并输出,当 PM 赋值为 20 时,第一个 if 条件 PM > 75 不满足,第二个 if 条件 PM < 35 满足,则执行第二个分支内部的语句,打印"空气良好,适度户外活动!";当 PM 赋值为 80 时,第一个 if 条件 PM > 75 满足,则执行第一个分支内部的语句,打印"空气污染,请小心!",第二个 if 条件 PM < 35 不满足;当 PM 赋值为 50 时,第一个 if 条件 PM > 75 和第二个 if 条件 PM < 35 均不满足,没有输出;当 PM 赋值为 0 时,第一个 if 条件 PM > 75 不满足,第二个 if 条件 PM < 35 满足,则执行第二个分支内部的语句,打印"空气良好,适度户外活动!",由于本题是找错误描述,故选择 A 选项。

　　9. 答案:B

　　解析:本题的核心代码是一个双分支的 if 语句,其中判断条件是由 and 连接的两个关系表达式,Python 中的 and 表示逻辑与运算,也就是说,两个关系表达式结果如果同时为 True,则 if 判断条件的结果为 True,否则为 False。第一个表达式 a > 0 并不满足,而第二个表达式 b / a > 10 中出现了除数为零错误,但本题并不会报除数为零错,这是因为 and 运算符连接的两个对象中,如果第一个对象结果已经明确判断为 False,则 and 连接的逻辑表达式结果也直接取值为 False,不会再判断和执行 and 后面的第二个对象,故本题选择 B 选项。

　　10. 答案:A

　　解析:关键字也称保留字,指被编程语言内部定义并保留使用的标识符。目前,Python 3.x 版本的关键字有 35 个,分别是 and、as、assert、async、await、break、class、continue、def、del、elif、else、except、False、finally、for、from、global、if、import、in、is、lambda、None、nonlocal、not、or、pass、raise、return、True、try、with、while 和 yield。其中用于循环结构的关键字是 while 和 for…in…等,故本题选择 A 选项。

　　11. 答案:B

　　解析:Python 的循环结构包含遍历 for 循环和条件 while 循环两种,其中条件循环也称为无限循环,只要 while 引导的判断条件满足,条件循环就一直保持循环操作,直到循环条件不满足则循环结束,无须提前确定循环执行次数,故本题选择 B 选项。

12. 答案：C

解析：Python 通过 for、while 等关键字提供遍历循环和条件（无限）循环结构。遍历循环中的遍历结构可以是字符串、文件、组合数据类型和 range() 函数等。Python 循环结构还包含两个重要的关键字：continue 和 break。其中 continue 用来结束当前当次循环，即跳过循环体中下面尚未执行的语句，但不跳出当前循环；break 用来跳出最内层 for 或 while 循环，脱离该循环后，程序从循环后的代码继续执行，故本题选择 C 选项。

13. 答案：B

解析：Python 强制中断程序执行的快捷键是 Ctrl+C，故本题选择 B 选项。

14. 答案：C

解析：Python 的循环结构包含遍历 for 循环和条件 while 循环两种。Python 循环结构还包含两个重要的关键字：continue 和 break。其中 continue 用来结束当前当次循环，即跳过循环体中下面尚未执行的语句，但不跳出当前循环；break 用来跳出最内层 for 或 while 循环，脱离该循环后，程序从循环后的代码继续执行，故本题选择 C 选项。

15. 答案：C

解析：本题的核心代码是一个 for 循环结构嵌套一个 if 分支结构，for 语句的循环执行次数是根据循环遍历结构中元素的个数决定的，range(1, 6) 表示从 1~5 的整数序列，循环变量 i 分别取 1~5 的值，进入循环体执行 if 结构语句，通过判断 i % 4 == 0 的结果，即如果 i 是 4 的倍数，则执行 continue 语句，跳过本次循环内部的语句，再重新进入循环；如果 i 不是 4 的倍数，则执行 print(i, end = ",") 语句，打印 i 当时的取值及输出结束符"，"，因此，只有 i=4 时没有打印 i 的值，故本题选择 C 选项。

16. 答案：B

解析：Python 的 for 循环的循环执行次数是根据循环变量所遍历的结构中的元素个数确定的，遍历结构可以是 range() 函数、字符串、组合数据类型、文件等多种形式，选项中的列表和字典均属于组合数据类型，故本题选择 B 选项。

17. 答案：A

解析：random 库是产生随机数的 Python 标准库，其提供了不同类型的随机数函数，主要包括基本随机数函数（如 seed()、random()）和扩展随机数函数（如 randint()、randrange()、uniform()、choice()、shuffle()、getrandbits()）等。其中，random() 函数用来生成一个 [0.0, 1.0) 的随机小数；randint(a, b) 函数用来生成一个 [a,b] 的随机整数；getrandbits(k) 函数用来生成一个 k 位长的随机整数；randrange(start, stop[, step]) 函数用来生成一个 [start, stop) 以 step 为步长的随机整数，故本题选择 A 选项。

18. 答案：C

解析：random.uniform(a,b) 函数是 random 库中用来生成一个 [a,b] 的随机小数的函数，故本题选择 C 选项。

19. 答案：D

解析：创建变量 s 并赋值为字符串"阿莫西林"，len() 是字符串长度函数，len(s) 的值为 4，range(len(s)) 的返回值为包含 0、1、2、3 四个元素的迭代序列，因此本题中 for 循环内部的语句共执行四次，循环变量 i 分别取值 0、1、2、3。而字符串可以通过方括号运算符 [] 获取相应索引位置的字符。Python 中有两种索引方式：一种是正序，n 个字符从前往后，从 0

开始到 n−1;还有一种是逆序,n 个字符从后往前,从−1 开始到−n。所以,当 i 分别取值 0、1、2、3 时,循环体中 print 语句打印的内容分别是 s[0]、s[−1]、s[−2]、s[−3],且每项输出以空字符串做结束符,即打印出连续的四个字符"阿林西莫",故本题选择 D 选项。

20. 答案:B

解析:本题中 for 循环的遍历结构是字符串"Amoxicillin",循环变量 i 依次取字符串中的每一个字符,进入循环体执行循环体语句,首先打印 i 中的字符且以空字符串作为结束符,接着进行 if 条件判断,当 i 的值为字符"i"时,执行 break 语句,跳出循环,程序结束,故本题选择 B 选项。

21. 答案:C

解析:Python 允许在一条赋值语句中同时为多个变量赋值,本题中创建变量 a、b 的同时分别给 a、b 赋值为 5、2,然后进行 if 条件判断,如果 a % 2 的值不为 0,即 a 是奇数时 b 重新赋值为 1,接着进入循环结构,当 range 函数有 3 个参数时,第一个参数是起始位,第二个参数是结束位(循环变量值最多取到结束位前一位),第三位是步长位,程序执行到此时,函数 range(b,a+2,2)即 range(1,7,2),其返回值为 1、3、5 构成的序列,因此程序输出打印值的个数为 3,故本题选择 C 选项。

22. 答案:B

解析:本题中创建的字符串变量 s 由 input()函数接收用户从键盘输入的字符串"CPR110"完成赋值。接着进入 for 循环,循环变量 i 依次取 s 中的每一个字符,进入循环体执行 if 语句,如果 i 是数字字符,则由 continue 语句跳过剩下的语句,进入下一次循环;如果 i 是非数字字符,则执行 s.replace(i,'')语句,而字符串的 replace()方法的基本语法是 str.replace(old,new[,max]),其功能是把字符串中的 old(旧字符串)替换成 new(新字符串),如果有第三个参数 max,则替换不超过 max 次,该方法的返回值是返回字符串中的 old(旧字符串)替换成 new(新字符串)后生成的新字符串,但源字符串 str 本身并不发生改变,因此,无论 replace()方法在循环里执行多少次,这里的字符串 s 本身并没有发生改变,故本题选择 B 选项。

23. 答案:A

解析:本题的核心代码是一个 while 条件循环结构,while 循环会一直保持循环操作,直到循环条件不被满足才结束,变量 b 的初值为 65,执行 while 循环首先判断条件 b > 1 满足,于是进入循环体打印 b 的值,执行增强赋值操作 b //= 2 后,b 的值更新为 65 整除 2 的结果 32,再次判断条件 b > 1 依然满足,于是进入循环……以此类推,在循环执行过程中不断打印 b 的值分别为 65、32、16、8、4、2,打印过 2 之后,执行 b //= 2 后 b 的值变为 1,循环条件不再满足,循环终止,故本题选择 A 选项。

24. 答案:A

解析:本题的核心代码是一个 while 条件循环结构,由于循环判断条件恒为 True,因此循环体内部一定会有 break 语句使循环结束。本题循环体中首先由 eval()函数嵌套 input()函数接收用户从键盘输入的数值赋给创建的变量 a,然后由 if 条件判断 a // 5 的结果,如果为 True,则执行 break 语句跳出循环,程序结束;如果为 False,则继续执行循环体。"//"运算符在 Python 中是执行地板除法(向下取整除),它会返回整除结果的整数部分,当 a 的值为 4 时,a // 5 的结果为 0,0 转换为逻辑值则为 False;当 a 的值分别为 5、6、7 时,a // 5 的结果均为 1,非 0 转换为逻辑值均为 True,故本题选择 A 选项。

25. 答案:C

解析:本题的核心代码是一个两层的 while 循环嵌套结构,其中外层循环的循环执行次数由变量 i 的值确定,i 的初值为 1,循环判断条件是 i <= 5,每执行一次外层循环体,语句 i += 1 语句加 1,因此外层循环执行 5 次,内层循环的循环执行次数由变量 j 的值确定,j 的初值为 1,循环判断条件是 j <= i,而每执行一次内层循环体,语句 j 的值也会通过 j += 1 语句加 1,因此内层循环均执行 i 次,内层循环中的核心代码是 print(" * ", end="),每次打印" * ",并且以空字符串作为结束符,即打印" * "后并不换行,由于内层循环都是执行 i 次,即打印 i 个" * ",内层循环结束后有一个 print()语句实现了换行,而外层循环执行 5 次,共打印 5 行信息,分别是 1、2、3、4、5 个" * "。因此,外层循环用于控制打印的行数,内层循环用于控制每行打印的" * "的个数,且第 i 行有 i 个" * ",故本题选择 C 选项。

26. 答案:A

解析:列表 TCM 中的元素是 5 种中草药的名称,本题的核心代码是一个 for 循环结构,循环变量 s 依次遍历 TCM 中的 5 个字符串,执行循环体语句,循环内嵌套的是一个 if 单分支结构,if 后面的条件判断是查看循环变量 s 中是否存在子串"花",如果存在,则首先执行 print 语句,打印 s 的内容并以空串结束,即输出一项后并不换行,接着执行 continue 语句,再次进入循环体执行,如果 s 中不存在"花"字,则什么也不做,故本题选择 A 选项。

27. 答案:A

解析:Python 使用 try-except 语句实现异常处理,当执行 try 代码块没有触发异常时,不会执行 expect 后面的语句,而当执行 try 代码块触发异常后,会执行 expect 后面的异常处理语句,并结束 try-except 结构,且一个 try 代码块可以针对不同的异常情况对应多个处理异常的 except 代码块,故本题选择 A 选项。

28. 答案:B

解析:Python 使用 try-except 语句实现异常处理,除 try 和 except 关键字外,异常语句还可以与 else 和 finally 关键字配合使用,故本题选择 B 选项。

29. 答案:A

解析:Python 语法中允许采用类似 a = b = 4+5j 的语句实现在创建变量 a、b 的同时给变量 a 和 b 赋相等的值 4+5j;如果执行 11+"0"表达式,则会引发 TypeError 异常,因为整型和字符串型之间不能使用"+"进行操作;如果执行 10 / False 表达式,则会引发 ZeroDivisionError 异常,因为逻辑型常量 False 参与运算时会自动转换为 0,则发生除数为 0 错;如果执行 print " aspirin "语句,则会引发 SyntaxError 异常,因为 Python 的 print 语句的基本语法格式需要将打印内容放在圆括号中,故本题选择 A 选项。

30. 答案:C

解析:本题的核心代码是一个 try-except 异常处理结构,由于 except 后面并没有指明异常类型,因此 try 部分的语句在执行过程中发生任何类型的异常,都会触发 except 部分的异常处理语句。try 部分的第一条语句 a = eval(input()) * 2,是通过 eval()和 input()函数的嵌套获得用户从键盘输入的值后乘以 2 赋值给创建的变量 a,由于 input()函数会对用户输入的内容自动添加字符串分隔符，而 eval()函数会再去掉一对字符串分隔符，当用户输入的是'APC'或'123'这样的字符串时，eval(input())获得的仍然是字符串本身，乘以 2 之后即得到'APCAPC'或'123123'这样的字符串，不会发生异常；当用户输入的是 123 这样的数值时，eval(input())获得的是数值本身，乘以 2 之后即得到 246 这样的数值，也不会发生异常；而当用户输入的是 APC 这样的变量名时，eval(input())获得的仍然是变量名 APC，这时由于程序中并没有提前定义名为 APC 的变量，故发生了 NameError，触发了 except 部分，会打印"输入有误"，故本题选择 C 选项。

4.4.2　医药案例题参考答案

1. 参考代码

```
g = eval(input("请输入大鼠一次经口 LD50 值(mg/kg):"))
if g >= 5000:
    degree = "1 级微毒"
elif g >= 500:
    degree = "2 级低毒"
elif g >= 50:
    degree = "3 级中等毒"
elif g >= 1:
    degree = "4 级高毒"
else:
    degree = "5 级剧毒"
print("对应的毒性等级是:{}".format(degree))
```

2. 参考代码

（1）

```
a = input(("请输入患者所处时期(医学观察期、临床治疗期、恢复期):"))
if a == "医学观察期":
    print("医学观察期患者的适用处方为:")
    print("藿香正气胶囊")
    print("连花清瘟胶囊")
    print("金花清感颗粒")
    print("疏风解毒胶囊")
elif a == "临床治疗期":
    b = input(("请输入临床分类信息(轻型、普通型、重型、危重型):"))
    if b == "轻型":
        print("临床治疗期轻型患者的适用处方为:")
        print("寒湿郁肺证处方")
        print("清肺排毒汤")
        print("湿热蕴肺证处方")
    elif b == "普通型":
        print("临床治疗期普通型患者的适用处方为:")
```

```
        print("湿毒郁肺证处方")
        print("清肺排毒汤")
        print("寒湿阻肺证处方")
    elif b == "重型":
        print("临床治疗期重型患者的适用处方为:")
        print("化湿败毒方")
        print("清肺排毒汤")
        print("气营两燔证处方")
        print("喜炎平注射液")
        print("血必净注射液")
        print("醒脑静注射液")
        print("热毒宁注射液")
        print("痰清热注射液")
    else:
        print("临床治疗期危重型患者的适用处方为:")
        print("苏合香丸")
        print("安宫牛黄丸")
        print("内闭外脱证处方")
        print("参附注射液")
        print("生脉注射液")
        print("清肺排毒汤")
        print("参麦注射液")
        print("血必净注射液")
        print("醒脑静注射液")
        print("热毒宁注射液")
        print("痰清热注射液")
else:
    print("恢复期患者的适用处方为:")
    print("肺脾气虚证处方")
    print("气阴两虚证处方")
```

（2）

```
int_a = eval(input(("请输入患者所处时期(医学观察期1、临床治疗期2、恢复期3):")))
if int_a == 1:
    print("医学观察期患者的适用处方为:")
    print("藿香正气胶囊")
    print("连花清瘟胶囊")
    print("金花清感颗粒")
    print("疏风解毒胶囊")
elif int_a == 2:
    int_b = eval(input(("请输入临床分类信息(轻型1、普通型2、重型3、\
危重型4):")))
    if int_b == 1:
```

```
            print("临床治疗期轻型患者的适用处方为:")
            print("寒湿郁肺证处方")
            print("清肺排毒汤")
            print("湿热蕴肺证处方")
        elif int_b == 2:
            print("临床治疗期普通型患者的适用处方为:")
            print("湿毒郁肺证处方")
            print("清肺排毒汤")
            print("寒湿阻肺证处方")
        elif int_b == 3:
            print("临床治疗期重型患者的适用处方为:")
            print("化湿败毒方")
            print("清肺排毒汤")
            print("气营两燔证处方")
            print("喜炎平注射液")
            print("血必净注射液")
            print("醒脑静注射液")
            print("热毒宁注射液")
            print("痰清热注射液")
        else:
            print("临床治疗期危重型患者的适用处方为:")
            print("苏合香丸")
            print("安宫牛黄丸")
            print("内闭外脱证处方")
            print("参附注射液")
            print("生脉注射液")
            print("清肺排毒汤")
            print("参麦注射液")
            print("血必净注射液")
            print("醒脑静注射液")
            print("热毒宁注射液")
            print("痰清热注射液")
else:
    print("恢复期患者的适用处方为:")
    print("肺脾气虚证处方")
    print("气阴两虚证处方")
```

（3）

```
while True:
    int_a = eval(input(("请输入患者所处时期(医学观察期 1、临床治疗期 2、\
恢复期 3):")))
    if int_a == 0:
        break
```

```python
    if int_a == 1:
        print("医学观察期患者的适用处方为:")
        print("藿香正气胶囊")
        print("连花清瘟胶囊")
        print("金花清感颗粒")
        print("疏风解毒胶囊")
    elif int_a == 2:
        int_b = eval(input(("请输入临床分类信息(轻型 1、普通型 2、重型 3、\
危重型 4):")))
        if int_b == 1:
            print("临床治疗期轻型患者的适用处方为:")
            print("寒湿郁肺证处方")
            print("清肺排毒汤")
            print("湿热蕴肺证处方")
        elif int_b == 2:
            print("临床治疗期普通型患者的适用处方为:")
            print("湿毒郁肺证处方")
            print("清肺排毒汤")
            print("寒湿阻肺证处方")
        elif int_b == 3:
            print("临床治疗期重型患者的适用处方为:")
            print("化湿败毒方")
            print("清肺排毒汤")
            print("气营两燔证处方")
            print("喜炎平注射液")
            print("血必净注射液")
            print("醒脑静注射液")
            print("热毒宁注射液")
            print("痰清热注射液")
        else:
            print("临床治疗期危重型患者的适用处方为:")
            print("苏合香丸")
            print("安宫牛黄丸")
            print("内闭外脱证处方")
            print("参附注射液")
            print("生脉注射液")
            print("清肺排毒汤")
            print("参麦注射液")
            print("血必净注射液")
            print("醒脑静注射液")
            print("热毒宁注射液")
            print("痰清热注射液")
    else:
        print("恢复期患者的适用处方为:")
```

```
    print("肺脾气虚证处方")
    print("气阴两虚证处方")
```

(4)

```
while True:
    try:
        int_a = eval(input(("请输入患者所处时期(医学观察期 1、临床治疗期 2、\
恢复期 3):")))
    except:
        print("请输入一个数字!")
        continue
    if int_a == 0:
        break
    if type(int_a) == int and 1 <= int_a <= 3:
        if int_a == 1:
            print("医学观察期患者的适用处方为:")
            print("藿香正气胶囊")
            print("连花清瘟胶囊")
            print("金花清感颗粒")
            print("疏风解毒胶囊")
            print("\n")
        elif int_a == 2:
            while True:
                try:
                    int_b = eval(input(("请输入临床分类信息(轻型 1、普通型 2、\
重型 3、危重型 4):")))
                except:
                    print("请输入一个数字!")
                    continue
                if type(int_b) == int and 1 <= int_b <= 4:
                    if int_b == 1:
                        print("临床治疗期轻型患者的适用处方为:")
                        print("寒湿郁肺证处方")
                        print("清肺排毒汤")
                        print("湿热蕴肺证处方")
                        print("\n")
                    elif int_b == 2:
                        print("临床治疗期普通型患者的适用处方为:")
                        print("湿毒郁肺证处方")
                        print("清肺排毒汤")
                        print("寒湿阻肺证处方")
                        print("\n")
                    elif int_b == 3:
```

```
                    print("临床治疗期重型患者的适用处方为:")
                    print("化湿败毒方")
                    print("清肺排毒汤")
                    print("气营两燔证处方")
                    print("喜炎平注射液")
                    print("血必净注射液")
                    print("醒脑静注射液")
                    print("热毒宁注射液")
                    print("痰清热注射液")
                    print("\n")
                else:
                    print("临床治疗期危重型患者的适用处方为:")
                    print("苏合香丸")
                    print("安宫牛黄丸")
                    print("内闭外脱证处方")
                    print("参附注射液")
                    print("生脉注射液")
                    print("清肺排毒汤")
                    print("参麦注射液")
                    print("血必净注射液")
                    print("醒脑静注射液")
                    print("热毒宁注射液")
                    print("痰清热注射液")
                    print("\n")
                break
            else:
                print("请重新输入一个 1~4 的整数")
    else:
        print("恢复期患者的适用处方为:")
        print("肺脾气虚证处方")
        print("气阴两虚证处方")
        print("\n")
else:
    print("请重新输入一个 1~3 的整数")
```

实验5 函 数

本实验主要学习用户自定义函数的定义与调用方法、参数的类型、变量的作用域、datetime 标准库的使用方法、递归函数和常见的 Python 内置函数，以及碱基链配对和 Kitty 猫的基因编码两个医药案例的实现。

5.1 实 验 目 的

- 掌握函数的定义方法，包括 def 语句和 lambda 函数、参数的类型以及函数的返回值。
- 掌握函数调用的执行过程。
- 掌握变量的作用域。
- 掌握标准函数库 datetime 中的常用类 datetime、常用属性(datetime.year、datetime.month、datetime.day、datetime.hour、datetime.minute 和 datetime.second)与常用方法(datetime.strftime())等。
- 掌握递归函数。
- 掌握常见的 Python 内置函数。

5.2 知识点解析

5.2.1 函数概述

1. 函数的概念

函数是具有特定书写格式，包含若干条可被作为一个整体执行的语句(函数体)并实现特定功能的语句组。

2. 使用函数编程的优点

函数的作用可以理解成实现某种特定的功能，当人们需要使用这种功能的时候，可以直接调用对应的函数实现。使用函数编程有如下优点：增进代码共享、增加程序易读性、提高代码复用率，以及降低代码维护工作量。

3. Python 函数的类别

Python 的函数可以分为以下 3 类。

① 用户自定义函数：包括定义在主程序文件中的函数和自定义库函数；

② Python 开发者的函数：包括内置函数和标准库函数，内置函数的函数定义集成在 Python 解释器中，标准库函数的定义语句存放在标准库文件中；

③ 第三方库函数：由第三方人员开发，函数定义语句在特定的网络库文件中。

本章主要介绍用户自定义函数的建立和使用方法。

5.2.2 用户自定义函数

1. 定义函数

Python 自定义函数的语法格式如下。

def <函数名>(**[**参数列表**]**)：
    <函数体语句块>
    [return [返回值列表]**]**

① 函数名可以是任何有效的 Python 标识符；

② 参数列表是调用该函数时传递给它的值，可以有零个、一个或多个；

③ 函数体是函数每次被调用时执行的代码块；

④ 当需要返回值时，使用 return 和返回值列表，否则函数可以没有 return 语句；

⑤ 匿名函数的定义方法：利用 lambda 关键字定义 lambda 函数，它将函数名作为函数结果返回，其语法格式如下。

<函数名> = lambda <参数列表>：<表达式>

2. 函数的调用

用户自定义函数包括直接定义在主程序文件中的函数和自定义库函数。定义在主程序文件中的函数可以直接调用，自定义库函数则需要和标准库一样 import 后调用。

调用函数的过程分为以下 5 步。

① 主程序在函数调用处暂停；

② 若函数有参数，则将实际参数（简称实参）传递给形式参数（简称形参）；

③ 执行函数体语句；

④ 如果函数有返回值，则将返回值赋给主程序的相应变量或输出；

⑤ 返回主程序，执行调用语句的下一条语句。

3. 函数的参数

参数列表中的参数称为形式参数。形参的类型有 3 种，包括：

① 必选参数；

② 可选参数；

③ 可变数量参数。

其中必选参数在函数调用语句中，必须对应实际参数；可选参数可以不对应实参，调用时如果没有对应实参，函数体语句运行时，可选参数的值取定义语句中的默认值；可变数量参数在不同的函数调用语句中，可以获得可变数量的数据。

4. 参数传递

参数传递时，实参和形参的结合方式分为位置传参和名称传参两种。

① 位置传参：按定义函数时指定的顺序对应传参；

② 名称传参：又称作关键字传参，指通过指定形参名字传入实参值。

5. 函数返回值

return 语句结束函数体语句的运行，并带回返回值。函数体语句中可以出现 0 个或多个 return 语句；函数若不含 return 语句，则该函数无返回值；函数也可以在一条 return 语句中将 0 个、1 个或同时将多个结果数据赋给调用语句中的主程序的变量。

6. 变量的作用域

作用域是变量的有效范围,由变量的定义位置决定。Python 中的变量按作用域不同,分为全局变量和局部变量。全局变量指在主程序中创建的变量,在整个程序运行期间都有效;局部变量指在函数体语句块中创建的变量,仅在函数被调用执行期间有效,调用结束后被释放。

5.2.3 datetime 库简介

Python 内置的标准库 datetime 中定义了一系列处理日期、时间的函数和类,主要用于实现日期时间类型数据的获取,以及这些数据不同格式的显示。

datetime 库以类的方式提供以下多种表达方式。

① datetime.date:日期表示类,可以表示年、月、日等;

② datetime.time:时间表示类,可以表示小时、分钟、秒、毫秒等;

③ datetime.datetime:日期时间表示的类,功能覆盖 date 类和 time 类;

④ datetime.timedelta:与时间间隔有关的类;

⑤ datetime.tzinfo:与时区有关的信息表示类。

其中最常用的是 datetime 类。datetime 类的常用方法有以下 3 个。

① now()方法:返回一个 datetime 类,表示当前日期和时间;

② utcnow()方法:返回一个 datetime 类,表示当前日期和时间对应的 UTC(世界标准时间);

③ datetime()方法:构造一个日期和时间类对象。

datetime 类的常用属性如表 5.1 所示。

表 5.1 datetime 类的常用属性

属　　性	描　　述
min	固定返回 datetime 的最小时间对象
max	固定返回 datetime 的最大时间对象
year	返回年份
month	返回月份
day	返回日期
hour	返回小时
minute	返回分钟
second	返回秒钟
microsecond	返回微秒值

datetime 类有以下 3 个常用的时间格式化方法。

① isoformat()方法:采用 ISO 8601 标准显示时间;

② isoweekday()方法:根据日期计算星期后返回 1～7,对应星期一到星期日;

③ strftime(format)方法：根据格式化字符串 format 进行格式显示的方法。

其中 strftime()方法是时间格式化最有效的方法。strftime()方法的格式化控制符如表 5.2 所示。

表 5.2　strftime()方法的格式化控制符

格式化字符串	日期/时间	值范围和实例
%Y	年份	0001～9999,例如：1900
%m	月份	01～12,例如：10
%B	月名	January～December,例如：April
%b	月名缩写	Jan～Dec,例如：Apr
%d	日期	01 ～ 31,例如：25
%A	星期	Monday～Sunday,例如：Wednesday
%a	星期缩写	Mon～Sun,例如：Wed
%H	小时(24h 制)	00 ～ 23,例如：18
%I	小时(12h 制)	00 ～ 11,例如：10
%p	上/下午	AM, PM,例如：PM
%M	分钟	00 ～ 59,例如：26
%S	秒	00 ～ 59,例如：26

5.2.4　递归函数

函数体语句中如果包括调用函数自身的语句,则该函数称为递归函数。递归有两大要素：第一个要素是存在一个或多个基例,基例不需要再次递归,它可以得到确定的结果;第二个要素是函数调用自身。

5.2.5　Python 内置函数

Python 3.8 解释器提供了 69 个可以直接使用的内置函数,如表 5.3 所示。

表 5.3　内置函数列表

abs()	id()	round()	exec()	memoryview()
all()	input()	set()	enumerate()	next()
any()	int()	sorted()	filter()	object()
asci()	len()	str()	format()	property()
bin()	list()	tuple()	frozenset()	repr()
bool()	max()	type()	getattr()	setattr()
chr()	min()	zip()	globals()	slice()
complex()	oct()	bytes()	hasattr()	staticmethod()

续表

dict()	open()	delattr()	help()	sum()
divmod()	ord()	bytearray()	isinstance()	super()
eval()	pow()	callable()	issubclass()	vars()
float()	print()	classmethod()	iter()	__import()__
hash()	range()	compile()	locals()	breakpoint()
hex()	reversed()	dir()	map()	

5.3 实验内容

5.3.1 基本概念题

1. 以下关于函数作用的描述,错误的是(　　)。

　　A. 复用代码　　　　　　　　　　　　B. 提高代码的执行速度

　　C. 增强代码的可读性　　　　　　　　D. 降低代码的复杂性

2. 下面代码的输出结果是(　　)。

```
def func(a, b):
    a **= b
    return a
s = func(2, 4)
print(s)
```

　　A. 8　　　　　　　　B. 6　　　　　　　　C. 16　　　　　　　　D. 4

3. 下面代码的输出结果是(　　)。

```
def fun1():
    print('VC', end=' * ')
def fun():
    for i in range(3):
        fun1()
fun()
```

　　A. VC * VC * VC *　　　　　　　　B. VC * VC *

　　C. VC *　　　　　　　　　　　　　　D. ***

4. 以下关于 Python 函数的描述,错误的是(　　)。

　　A. 使用函数后,代码的维护难度降低了

　　B. 每次使用函数,需要提供相同的参数作为输入

　　C. 函数通过函数名进行调用

　　D. 函数是一段具有特定功能的语句组

5. 下面代码的输出结果是(　　　　)。

```
def func(a, b):
    return a >> b
s = func(10, 2)
print(s)
```

  A. 20   B. 40   C. 2   D. 1

6. 下面代码的输出结果是(　　　　)。

```
def fib(n):
    a, b = 0, 1
    for i in range(n):
        a, b = b, a+b
    return a
print(fib(9))
```

  A. 9   B. 13   C. 34   D. 55

7. Python 中,函数定义可以不包括(　　　　)。

  A. 函数名   B. 可选参数列表

  C. 一对圆括号   D. 关键字 def

8. 以下代码的描述中,正确的是(　　　　)。

```
def fact(n):
    s = 1
    for i in range(1, n + 1):
        s *= i
    return s
```

  A. 代码中 n 是可选参数   B. fact(n)函数的功能为求 n+1 的阶乘

  C. s 是局部变量   D. range()函数的范围是[1, n+1]

9. 下面代码的输出结果是(　　　　)。

```
def func(a):
    a = a + 10
    return a
a = func(10)
b = func(a)
print(a, b)
```

  A. 10　20   B. 10　10   C. 30　30   D. 20　30

10. 以下关于 Python 函数参数的描述,正确的是(　　　　)。

  A. 可选参数传递指的是没有传入对应的参数值的时候,就不使用该参数

  B. 采用名称传参的时候,实参的顺序需要和形参的顺序一致

C. Python 函数定义中必须对参数指定类型

D. Python 支持按位置传参,也支持按名称传参

11. 下面代码的输出结果是(　　　)。

```
def fun(x, y):
    x = y
x = 2
print(fun(x, 4))
```

    A. 2　　　　　　　　B. 4　　　　　　　　C. 0　　　　　　　　D. None

12. 下面代码的输出结果是(　　　)。

```
def demo(a, b, c, d=5):
    return sum((a, b, c, d))
print(demo(1, 2, 3, 4))
```

    A. 10　　　　　　　B. 11　　　　　　　C. 6　　　　　　　　D. 出错

13. 下面代码的输出结果是(　　　)。

```
def calu(x=3, y=4, z=2):
    return(x * y**z)
h = 4
w = 3
print(calu(h, w))
```

    A. 144　　　　　　　B. 24　　　　　　　C. 36　　　　　　　D. 48

14. 下面代码的输出结果是(　　　)。

```
def countnum(a, * b):
    print(len(b)+1)
countnum(3, 6, 9, 12, 15, 18)
```

    A. 6　　　　　　　　B. 7　　　　　　　　C. 1　　　　　　　　D. 2

15. 关于 Python 的 return 语句,以下选项描述正确的是(　　　)。

    A. 函数中最多只有一个 return 语句

    B. 函数必须有一个 return 语句

    C. return 只能返回一个值

    D. 函数可以没有 return 语句

16. 下面代码的输出结果是(　　　)。

```
t = 5.5
def above_zero(t):
    return t > 0
```

A. 0   B. False   C. 5.5   D. 没有输出

17. 下面代码的输出结果是(　　)。

```
def test(a=20, b=10):
    global z
    z += a * b
    return z
z = 10
print(z, test(), z)
```

     A. 10　None　10   B. 10　210　210

     C. UnboundLocalError   D. 10　200　10

18. 下面代码的输出结果是(　　)。

```
def f():
    print('Python')
print(type(f), type(f()))
```

     A. Python

         <class 'function'> <class 'function'>

     B. Python

         <class 'function'> <class 'str'>

     C. Python

         <class 'function'> <class 'NoneType'>

     D. Python

         <class 'str'> <class 'function'>

19. 以下关于 Python 函数中变量的描述,错误的是(　　)。

     A. 函数里不允许有和函数外同名的变量

     B. 全局变量指的是在函数外定义的变量,在程序执行全过程有效

     C. 局部变量在函数内部创建和使用,函数调用结束后变量被释放

     D. 函数内使用 global 关键字声明简单数据类型变量后,该变量作为全局变量使用

20. 函数表达式 all([1,True,True]) 的结果是(　　)。

     A. 无输出   B. False   C. 出错   D. True

21. 给出以下代码,下面选项中描述正确的是(　　)。

```
def fact(n):
    if n == 0:
        return 1
    else:
        return n * fact(n - 1)
num = eval(input("请输入一个数:"))
print(fact(abs(num)))
```

A. 接收用户输入的整数 num,判断 num 是否为素数并输出结论

B. 接收用户输入的整数 num,判断 num 是否为完数并输出结论

C. 接收用户输入的整数 num,输出从 0 到 num 的乘积

D. 接收用户输入的整数 num,输出 num 的绝对值的阶乘

22. 下面代码的输出结果是(　　)。

```
def fun1(a, b, * args):
    print(a)
    print(b)
    print(args)
fun1(1, 2, 3, 4)
```

A. 1
　　2
　　[3,4]

B. 1,2,3,4

C. 1
　　2
　　3,4

D. 1
　　2
　　(3,4)

23. 给出以下代码,下面选项中描述错误的是(　　)。

```
def func(x,y):
    z = x ** 2 + y
    y = x
    return z
x = 10
y = 100
z = func(x,y) + x
```

A. 执行该函数后,变量 z 的值是 200　　B. 该函数的名称为 func

C. 执行该函数后,变量 y 的值是 100　　D. 执行该函数后,变量 x 的值是 10

24. 下面代码的输出结果是(　　)。

```
a = 3
def mya(a, x):
    a = pow(a, x)
    print(a, end=" ")
mya(a, 3)
print(a)
```

A. 3 3　　　　B. 9 9　　　　C. 27 3　　　　D. 27 27

25. 关于 lambda 函数,下面选项中描述错误的是(　　)。

A. lambda 函数也称为匿名函数

B. lambda 函数将函数名作为函数结果返回

C. lambda 的主体是一个表达式

D. lambda 不是 Python 的关键字

26. 下面代码的输出结果是(   )。

```
MA=lambda x,y:(x<y) * x+(x>y) * y
MI=lambda x,y:(x<y) * y+(x>y) * x
a = 100
b = 200
print(MA(a, b))
print(MI(a, b))
```

    A. 200,100   B. 200,200   C. 100,100   D. 100,200

27. 下面代码的输出结果是(   )。

```
s = lambda x:"yes" if x == 1 else "no"
print(s(0),s(1))
print()
```

    A. yes   no   B. no   yes   C. 0   yes   D. no   1

28. 下面代码的输出结果是(   )。

```
s = ' Amoslin is an antibiotic '
def split(s):
    return s.split('i')
print(s.split())
```

    A. [' Amoslin', 'is', 'an', 'antibiotic']   B. [' Amosl', 'n ', 's an ant', 'b', 'ot', 'c ']

    C. 函数定义时报错   D. 最后一行报错

29. 关于 datetime 库,下面选项中描述错误的是(   )。

    A. datetime 模块包含一个 datetime 类,通过 from datetime import datetime 导入的是 datetime 这个类

    B. datetime.now()返回当前日期和时间,其类型是 datetime

    C. 用户输入的日期和时间是字符串,要处理日期和时间,必须把 str 转换为 datetime,可以通过 datetime.strftime()实现

    D. 特定时间转为 datetime 时间的方式,比如 datetime.datetime(2022,1,1)

30. 关于递归,下面选项中描述错误的是(   )。

    A. 函数定义中调用函数自身的方式称为递归

    B. 递归只能存在一个基例

    C. 递归的实现通常由分支语句和函数调用构成

    D. 递归不是循环

31. 关于 Python 内置函数,下面选项中描述错误的是(   )。

    A. oct()以整数作参数,返回一个以整数值为 Unicode 编码对应的字符

    B. max()返回众多参数中的最大值

C. any()函数的全部元素都是 False 时,返回 False

D. sorted()函数实现排序功能,默认从小到大排序

32. 下面代码的输出结果是(   )。

```
def fun1():
    print("in fun1()")
fun2()
fun1()
def fun2():
    print("in fun2()")
fun1()
fun2()
```

A. in fun2()   B. in fun1()

C. 死循环   D. 出错

33. 下面代码的输出结果是(   )。

```
x = zip('连花清瘟', '藿香正气')
print(list(x))
```

A. ('连花清瘟', '藿香正气')

B. [('连', '藿'), ('花', '香'), ('清', '正'), ('瘟', '气')]

C. ['连花清瘟', '藿香正气']

D. ['连', '藿', '花', '香', '清', '正', '瘟', '气']

34. 下面语句的输出结果是(   )。

```
>>>abs(-6 + 8j)
```

A. 6   B. 8   C.10   D.10.0

35. 表达式 sorted(['abc', 'acd', 'ade'], key = lambda x: x[0] + x[1])的值为(   )。

A. ['abc', 'acd', 'ade']   B. ['ade', 'acd', 'abc']

C. ['abc', 'ade', 'acd']   D. ['acd', 'abc', 'ade']

5.3.2 简单操作题

1. 自定义函数实现不同的功能

要求:

① 自定义函数 psum1()包含两个参数,函数的返回值是两个数的平方和;

② 自定义函数 psum2()包含两个参数,函数的返回值是两个数的平方和,调用时如果只给定一个实参,则另一个参数的默认值为整数 10;

③ 自定义函数 psum3()包含两个参数,函数的返回值是两个数的平方和以及两个数的和;

④ 自定义函数 psum4()包含两个参数,函数的返回值是两个数的平方和与全局变量 n

的乘积。

执行语句 print(psum1(1,2))、print(psum2(1))、print(psum3(1,2))和 print(psum4(1,2)),程序运行效果如下。

```
5
101
(5, 3)
10
```

分析：本题中定义函数 psum1()时,函数有 2 个必选参数,使用 return 语句返回两个数的平方和;函数 psum2()要求调用时如果只有一个实参,另一个变量的默认值是 10,第二个参数设定为可选参数,默认值是 10;函数 psum3()的返回值有两个,在 return 语句中需返回用逗号连接的两个数的平方和及两个数的和;函数 psum4()中的全局变量 n 需用 global 关键字声明。

实验步骤：

1) 添加并完善程序代码

新建文件,输入以下代码,填写正确代码以替换横线,不修改其他代码,实现题目功能。

```
def psum1(_____):
    return _____

def psum2(_____):
    return _____

def psum3(_____):
    return _____

n = 2
def psum4(_____):
    global n
    return _____

print(psum1(1,2))
print(psum2(1))
print(psum3(1,2))
print(psum4(1,2))
```

2) 保存并运行程序

将文件保存为 PY50201.py,运行程序,验证程序的正确性并观察程序执行效果。

3) 提示

定义函数时需要根据题目要求确定参数个数、类型以及准确适当的函数返回值。

2. 自定义函数,根据用户输入返回不同结果

要求：数据处理时经常会要求用户输入整数,为了提高用户体验和代码复用,自定义函

数 getinput()处理以下通用情况：如果用户输入整数，则直接在屏幕上输出整数并退出；如果用户输入的不是整数，则要求用户重新输入，直至用户输入整数为止。程序运行效果如下。

```
请输入整数:b
您输入了非数值信息,请输入数值!
请输入整数:2.5
请输入整数:4
4
```

分析：由于本题的自定义函数需要实现能够根据用户输入的不同值做出不同的反馈，当用户输入非数值信息或输入不是整数时，要求用户重新输入，直至用户输入正确为止。由于事先并不能预测用户输入的次数，因此函数体可采用条件循环嵌套分支结构实现。

实验步骤：

1）添加并完善程序代码

新建文件，输入以下代码，填写正确代码以替换横线，不修改其他代码，实现题目功能。

```
def getinput():
    while True:
        try:
            n = _____
            if _____:
                break
        except:
            print("您输入了非数值信息,请输入数值!")
    return _____

print(_____)
```

2）保存并运行程序

将文件保存为 PY50202.py，运行程序，验证程序的正确性并观察程序执行效果。

3）提示

题目要求当输入合法时输出该整数，因此该函数的返回值可设置为最终输入的合法值，函数不需要设置参数。

3. 自定义函数,返回所有参数的乘积

要求：自定义函数 multi()，函数参数的个数不限，函数返回值为所有参数的乘积。若参数中有非数值信息，在屏幕上输出提示信息。程序运行效果如下。

```
482.40000000000003
第 3 项不是一个有效的数值!
```

分析：由于本题中要求定义的函数参数个数不限，因此可以设置可变数量参数来实现。

实验步骤：

1）添加并完善程序代码

新建文件，输入以下代码，填写正确代码以替换横线，不修改其他代码，实现题目功能。

```python
def multi(_____):
    fact = 1
    count = 1
    for i in args:
        if type(i) == type(1) or type(i) == type(1.0):

            _____

            _____

        else:
            return "第{}项不是一个有效的数值!".format(_____)
    return _____

print(multi(2,3,1.5,8,6.7))
print(multi(1,2,'str'))
```

2）保存并运行程序

将文件保存为 PY50203.py，运行程序，验证程序的正确性并观察程序执行效果。

3）提示

可变数量参数可以通过在参数名前增加"＊"来实现。调用函数时，多个参数值被当作一个元组传入。

4. 提取系统当前时间并以指定格式输出

要求：利用 datetime 库提取当前系统时间，并采用两种方法以指定格式在屏幕上输出。程序运行效果如下。

```
现在是 2022 年 01 月 05 日 09:04
现在是 2022 年 01 月 05 日 09:04
```

分析：提取系统时间可利用 datetime 类的 now()方法实现，时间对象的格式化输出可以采用 strftime()方法或字符串的 format()方法实现。

实验步骤：

1）添加并完善程序代码

新建文件，输入以下代码，填写正确代码以替换横线，不修改其他代码，实现题目功能。

```python
from datetime import datetime
now = datetime.now()
print("现在是_____".format(now))           #方法 1
print("现在是" + now.strftime("_____"))      #方法 2
```

2）保存并运行程序

将文件保存为 PY50204.py，运行程序，验证程序的正确性并观察程序执行效果。

3）提示

本题需要了解表示日期时间格式的常用格式化字符串，如"%Y"是四位数的年份表示（0001～9999），"%m"是月份的表示（01～12），"%d"是日期天数的表示（01～31）等。

5. 实现生日的 5 种格式输出

要求：利用 datetime 库，根据所给的年份、月份、日期和时间构造一个生日对象，按 5 种指定格式在屏幕上输出。程序运行效果如下。

```
2010-01-01 20:00:00
2010 年 01 月 01 日
2010-01-01 Fri
Jan.01 2010
01st Jan 2010
```

分析：本题中，生日对象的建立可以通过 datetime 库中 datetime 类的 datetime()方法实现，生日对象的不同格式化输出可以采用其 strftime()方法实现。

实验步骤：

1）添加并完善程序代码

新建文件，输入以下代码，填写正确代码以替换横线，不修改其他代码，实现题目功能。

```
_____
birt = datetime(2010, 1, 1, 20)
print(birt)
print(birt.strftime("%Y 年%m 月%d 日"))
print(birt.strftime(_____))
print(birt.strftime(_____))
if birt.day % 10 == 1 and birt.day != 11:
    s = 'st'
elif _____:
    s = 'nd'
elif _____:
    s = 'rd'
else:
    s = 'th'
print(birt.strftime(_____) + s + birt.strftime(_____))
```

2）保存并运行程序

将文件保存为 PY50205.py，运行程序，验证程序的正确性并观察程序执行效果。

3）提示

第 5 种输出格式，日期后面添加的英文序数词后缀并没有现成的格式提供，需要通过编程实现多情况的讨论结果。

6. 采用自定义递归函数实现字符串反转

要求：自定义递归函数 reverse()，可实现字符串的反转，即对于用户输入的字符串，调用函数后在屏幕上输出对应的逆序字符串，例如，将"python"反转成"nohtyp"。程序运行效果如下。

```
nohtyp
```

分析：递归函数有两大要素：调用自身和存在基例。本题中的递归函数需要实现字符串反转，可以将需要反转的字符串看成两部分：首字符和剩余字符串，递归过程是首先对剩余字符串调用函数本身，函数调用结果放置到字符串开始部分，再将首字符放置到字符串末尾；递归的基例是当需要处理的字符串为空时，则直接返回空串。

实验步骤：

1）添加并完善程序代码

新建文件，输入以下代码，填写正确代码以替换横线，不修改其他代码，实现题目功能。

```
def reverse(s):
    if _____ :
        return s
    else :
        return _____

ss = input("请输入一个字符串:")
print("反转后的字符串为:",reverse(ss))
```

2）保存并运行程序

将文件保存为 PY50206.py，运行程序，验证程序的正确性并观察程序执行效果。

3）提示

定义和理解递归函数时，一定要注意：递归不是循环，它的实现通常由分支语句和函数调用完成。

7. 自定义递归函数输出斐波那契数列

要求：从键盘输入项数 n，通过调用自定义递归函数 fib() 在屏幕上输出斐波那契数列前 n 项的值。如果 n 为负数，则提示"请输入正数"，否则实现前 n 项的输出。程序运行效果如下。

```
请输入项数 n: -5
请输入正数
>>>
请输入项数 n: 8
斐波那契数列前 8 项为:
1 1 2 3 5 8 13 21
>>>
```

分析：根据斐波那契数列的定义，该数列除第 1 项和第 2 项均为 1，从第 3 项开始就可每一项为该项的前两项的和。因此，可以将 $i=1$ 和 $i=2$ 作为基例条件，而递归函数的自我调用则体现在 $fib(i)=fib(i-1)+fib(i-2)$ 上。

实验步骤：

1）添加并完善程序代码

新建文件，输入以下代码，填写正确代码以替换横线，不修改其他代码，实现题目功能。

```
def fib(i):
    if _____:
        return 1
    else:
        return _____


n = int(input("请输入项数 n: "))
if n <= 0:
    print("请输入正数")
else:
    print("斐波那契数列前{}项为:".format(n))
    for i in range(_____):
        print(_____)
```

2）保存并运行程序

将文件保存为 PY50207.py，运行程序，验证程序的正确性并观察程序执行效果。

3）提示

递归的思想是把规模大的、较难解决的问题变成规模较小的、易解决的同一问题，规模较小的问题又变成规模更小的问题，并且小到一定程度可以直接得出它的解，从而得到原来问题的解。它的优点是符合人的思维方式，递归程序结构清晰，可读性强，容易理解，但缺点是，当递归层数过多时，程序效率低下，此时往往会放弃递归而采用递推方式解决问题，比如：在实验 4 中借助循环结构的迭代赋值实现斐波那契数列问题。

5.3.3 综合应用题

1. 自定义函数实现数值的奇偶性判断

要求：自定义函数 isodd()，实现对单个数值奇偶性的判断。如果参数为奇数，则返回 True，为偶数则返回 False；如果参数为非整数，则输出非法操作提示字符串。从键盘输入一个整数，调用自定义函数，在屏幕上输出结果。程序运行效果如下。

```
请输入一个整数:2.5
This is not a valid number!
>>>
请输入一个整数:5
True
>>>
请输入一个整数:4
False
>>>
```

分析：本题中，isodd()函数设置一个必选参数用于接收待判断的数值,函数体则需针对参数值的 3 种不同情况返回不同结果,因此可采用 if-elif-else 的多分支结构语句实现。

实验步骤：

1）添加并完善程序代码

新建文件,输入以下代码,请在……处使用一行或多行代码替换,不修改其他代码,实现题目功能。

```python
def isodd(n):
    ……

x = eval(input("请输入一个整数:"))
print(isodd(x))
```

2）保存并运行程序

将文件保存为 PY50301.py,运行程序,验证程序的正确性并观察程序执行效果。

3）提示

由于所给代码中的函数调用在 print 语句中,因此该函数的返回值应该直接是 True、False 或非法操作提示字符串,函数体内可以有多条 return 语句针对不同情况返回不同的函数值。

2. 自定义函数,实现给定字符串是否为数值型字符串的判断

要求：自定义函数 isnum()用于判断给定的字符串能否成功转换成一个数值,如果可以,则返回 True 并在屏幕上输出,否则返回 False 并在屏幕上输出。从键盘输入一个字符串,调用函数进行判断,程序运行效果如下。

```
请输入一个字符串:2+3j
True
>>>
请输入一个字符串:3.14
True
>>>
请输入一个字符串:abc
False
>>>
```

分析：本题中,isnum()函数设置一个必选参数用于接收给定的字符串,可采用 eval()函数对该字符串进行数值转换,如果转换失败,则返回 False,否则返回 True。

实验步骤：

1）添加并完善程序代码

新建文件,输入以下代码,请在……处使用多行代码替换,实现题目功能。

```python
def isnum(a):
    ……
```

```
s = input("请输入一个字符串:")
print(isnum(s))
```

2）保存并运行程序

将文件保存为 PY50302.py，运行程序，验证程序的正确性并观察程序执行效果。

3）提示

本题可通过 try-except 语句监测字符串脱括号的转换过程是否发生异常来实现。

3. 实现输出前 50 个回文素数

要求：自定义函数 isprime()用来判断一个数是否为素数，自定义函数 ishui()用来判断一个数是否为回文数。编写程序调用以上两个自定义函数输出前 50 个回文素数，程序运行效果如下。

```
前 50 个回文素数为:
2       3       5       7       11      101     131     151     181     191
313     353     373     383     727     757     787     797     919     929
10301   10501   10601   11311   11411   12421   12721   12821   13331   13831
13931   14341   14741   15451   15551   16061   16361   16561   16661   17471
17971   18181   18481   19391   19891   19991   30103   30203   30403   30703
```

分析：除 1 和它自身外，没有其他因子的自然数称为素数。假设 n 是一任意自然数，将 n 的各位数字反向排列所得自然数 n1 与 n 相等，则 n 称为回文数。判断素数函数 isprime()和判断回文数函数 ishui()均应该设置一个必选参数用于接收数值，判断素数的算法在实验 4 中有介绍，判断回文数的算法可以采用字符串处理方法，将该数转换为数值型字符串，取其逆序串，然后判断逆序串是否与原串相等。

实验步骤：

1）添加并完善程序代码

新建文件，输入以下代码，请在……处使用一行或多行代码替换，不修改其他代码，实现题目功能。

```
def isprime(n):
    ……


def ishui(m):
    ……


count = 1
i = 2
print("前 50 个回文素数为:")
while count<=50:
    ……
```

2）保存并运行程序

将文件保存为 PY50303.py，运行程序，验证程序的正确性并观察程序执行效果。

3）提示

判断回文数的算法还可以采用数值处理方法，借助整除（//）和取余（%）等运算分解出该数各个位上的数值，再重新组合成原数的逆序数，比较其是否与原数值相等来实现。

4. 自定义函数实现累加求和

要求：自定义函数 su(m)，实现 $1+2+3+\cdots+m$ 的求和；自定义函数 sumall(n)，在函数内部调用 su(m) 函数，实现多项式 $1+(1+2)+\cdots+(1+2+3+\cdots+n)$ 的求和并在屏幕上输出结果。程序运行效果如下。

```
n = 8
总和是: 120
```

分析：本题中，su() 函数设置一个必选参数用于接收整数 m，函数的返回值为从 1 到 m 的累加求和，可采用 for 循环实现累加的过程；sumall() 函数也需设置一个必选参数用于接收整数 n，仍然采用 for 循环实现 su(m)（其中 m 从 1 变化到 n）的累加求和。

实验步骤：

1）添加并完善程序代码

新建文件，输入以下代码，请在……处使用一行或多行代码替换，不修改其他代码，实现题目功能。

```
def su(m):
    ……


def sumall(n):
    ……


x = eval(input("n = "))
print("总和是:", sumall(x))
```

2）保存并运行程序

将文件保存为 PY50304.py，运行程序，验证程序的正确性并观察程序执行效果。

3）提示

Python 中的函数必须先定义后使用，因此通常函数定义语句都会放在主程序语句块的前面。本题中定义了两个函数，在第二个函数的定义中需要调用第一个函数，但只要两个函数均定义在调用语句之前，两个函数的定义顺序没有强制性要求。

5. 自定义函数实现密码强度分级

要求：自定义函数 codelevel()，实现密码强度判断，标准为每满足以下条件中的一条，密码强度增加一级。

① 有数字；

② 有大写字母；

③ 有小写字母；

④ 位数不少于 8 位。

要求从键盘连续输入密码,遇空行按 Enter 键结束输入,在屏幕上输出密码强度。程序运行效果如下。

```
请输入测试密码(直接按 Enter 键退出):cpu2021
cpu2021 的密码强度为 2 级
请输入测试密码(直接按 Enter 键退出):Cpu2021
Cpu2021 的密码强度为 3 级
请输入测试密码(直接按 Enter 键退出):cpu20211116
cpu20211116 的密码强度为 3 级
请输入测试密码(直接按 Enter 键退出):Cpu20211116
Cpu20211116 的密码强度为 4 级
请输入测试密码(直接按 Enter 键退出):
```

分析:本题中,codelevel()函数设置一个必选参数用于接收字符串 s,在函数体中针对 4 个密码升级条件可对 s 一一进行扫描和判断,一旦满足一个条件,密码级别就加 1,函数返回值为最终的密码强度级别。

实验步骤:

1)添加并完善程序代码

新建文件,输入以下代码,请在……处使用一行或多行代码替换,不修改其他代码,实现题目功能。

```
def codelevel(s):
    ……

while True:
    code = input("请输入测试密码(直接按 Enter 键退出):")
        ……
```

2)保存并运行程序

将文件保存为 PY50305.py,运行程序,验证程序的正确性并观察程序执行效果。

3)提示

本题可采用 while True 结合 break 语句实现连续测试密码强度的功能。

5.3.4 医药案例题

1. 自定义函数实现碱基链配对

要求:脱氧核糖核酸(DNA)由两条互补的碱基链以双螺旋的方式结合而成,而构成 DNA 的碱基共有 4 种,分别为腺嘌呤(A)、鸟嘌呤(G)、胸腺嘧啶(T)和胞嘧啶(C)。在两条互补碱基链的对应位置上,A 总是和 T 配对,G 总是和 C 配对。自定义函数 dna(),实现根据一条单链上的碱基序列,在屏幕上输出对应互补链上的碱基序列。程序运行效果如下。

```
请输入碱基链字符串(字符串中只包含大写字母 A、G、T、C):ATGCGCAT
对应的互补碱基链是:TACGCGTA
```

分析：本题中，dna()函数应该设置一个必选参数用于接收原始碱基序列 s，s 中只包含大写字母 A、T、G、C，在函数体中需对 s 进行扫描，逐一解码出互补的碱基，并将其连接成串作为函数值返回。

实验步骤：

1）添加并完善程序代码

新建文件，输入以下代码，填写正确代码以替换横线，不修改其他代码，实现题目功能。

```
def dna(s):
    _____
    for c in s:
        if _____:
            ans += 'T'
        elif _____:
            ans += 'A'
            elif _____:
            ans += 'C'
                elif _____:
            ans += 'G'
    _____

s = input("请输入碱基链字符串(字符串中只包含大写字母 A、G、T、C):")
print("对应的互补碱基链是:{}".format(dna(s)))
```

2）保存并运行程序

将文件保存为 PY50401.py，运行程序，验证程序的正确性并观察程序执行效果。

3）提示

题目中目前没有考虑针对输入字符串是否合法的判断，请自行补充。

2. 自定义递归函数实现 Kitty 猫的基因编码问题

要求：Kitty 猫的基因编码定义为，Kitty 的基因由一串长度为 2^k（k≤8）的 0、1 序列构成，为了方便研究，需要把 0、1 序列转换为 "ABC" 编码。用 s 表示原始的 0、1 序列，用 T(s) 表示 s 对应的 "ABC" 编码，则编码规则为

① T(s)='A'（当 s 全由 "0" 组成）；

② T(s)='B'（当 s 全由 "1" 组成）；

③ T(s)='C'+T(s1)+T(s2)，其中 s1 和 s2 是把 s 等分为 2 个长度相等的子串。

自定义递归函数 coding()，实现该编码问题，程序运行效果如下。

请输入一个 Kitty 猫基因的 01 字符串:01001011
这个 Kitty 猫基因的 ABC 编码是:CCCABACCBAB

分析：本题中，递归函数 coding() 需设置一个必选参数用于接收原始 Kitty 猫基因的 0、1 序列 s，函数返回值是这个 Kitty 猫基因的 "ABC" 编码 T(s)。递归过程是以上的编码规则③，每次将问题分隔成长度相等的两个子串去处理，递归基例则是以上的编码规则①

和②。

实验步骤：

1）添加并完善程序代码

新建文件，完成程序框架及代码设计，实现题目功能。

```
def coding(s):
    n = len(s)
    if _____:
        return 'A'
    elif _____:
        return 'B'
    else:
        return _____

s = input("请输入一个 Kitty 猫基因的 01 字符串:").strip()
print("这个 Kitty 猫基因的 ABC 编码是:{}".format(coding(s)))
```

2）保存并运行程序

将文件保存为 P50402.py，运行程序，验证程序的正确性并观察程序执行效果。

3）提示

判断一个字符串是否都由"0"构成，可以使用字符串的 count()函数计算字符串中"0"
出现的次数，再与字符串长度比较即可。

5.4 实 验 解 析

5.4.1 基本概念题解析

1. 答案：B

解析：函数是组织好的、可重复使用的、用来实现特定功能的代码段。函数能增进代码
共享，增强程序的易读性，实现代码复用和降低代码维护的工作量，但使用函数并不能提高
代码的执行速度，故本题选择 B 选项。

2. 答案：C

解析：a **= b 表示对 a 进行 b 次幂的计算，再将结果返回给 a。主程序中利用 s =
func(2,4)调用函数 func()，实现了返回 2 的 4 次方的计算结果，故本题选择 C 选项。

3. 答案：A

解析：本题中，函数 fun1()的功能是输出字符串"VC"并以"＊"结束输出，即输出
"VC＊"后并不换行。函数 fun()的功能是借助循环结构调用 3 次 fun1()函数，故本题选择
A 选项。

4. 答案：B

解析：函数之所以设置形参，就是为了在调用函数的过程中与不同的实参结合，从而增
强函数的复用性，因此，每次使用函数不需要提供相同的参数作为输入，故本题选择 B
选项。

5. 答案：C

解析：Python 中的"＞＞"是对二进制数进行按位右移的位运算符，本题中的函数 func(a,b)完成数值 a 的二进制按位右移 b 位的操作，func(10,2) 完成 10 的二进制表示形式"1010"右移两位的操作，返回的结果为二进制数"10"的值，即 2，故本题选择 C 选项。

6. 答案：C

解析：本题中，函数 fib(n)的功能是计算并返回斐波那契数列的第 n 项的值，故本题选择 C 选项。

7. 答案：B

解析：关键字 def、函数名以及函数名后用来存放参数列表的圆括号都是函数定义的必要元素，而函数的参数列表可以为空，也可以包含必选参数、可选参数及可变数量参数，其中可选参数在函数定义中不是一定要有的，故本题选择 B 选项。

8. 答案：C

解析：本题中，函数 fact(n)的功能是计算并返回 n 的阶乘，其中 n 是必选参数，s 是函数内部的局部变量，range()函数的范围是[1, n]，故本题选择 C 选项。

9. 答案：D

解析：本题中，函数 func(a)的功能是返回参数 a 的值加 10 的结果，分析时需注意全局变量 a 和形参 a 的区别，主程序中执行语句 a＝func(10)，创建变量 a 并第一次调用 func()函数，此时 10 为实参，函数返回值是 20，因此全局变量 a 赋值为 20，接着执行语句 b＝func(a)，创建变量 b 并第二次调用函数，此时实参为全局变量 a，其值为 20，函数返回值为 30，因此全局变量 b 赋值为 30，而全局变量 a 的值并未发生改变，故本题选择 D 选项。

10. 答案：D

解析：Python 的可选参数传递指的是没有传入对应的参数值的时候，就采用函数定义时该参数的默认值，而不是不使用该参数；Python 参数传递包含两种方式：按位置传参和按名称传参；按名称传参时，实参的顺序可以任意调整；Python 函数定义中无须对参数指定类型，故本题选择 D 选项。

11. 答案：D

解析：本题中，自定义函数 fun(x,y)中没有 return 语句，即函数没有返回值，因此打印出的函数 fun(x,4)的调用结果为 None，故本题选择 D 选项。

12. 答案：A

解析：本题中，函数 demo(a, b, c,d＝5)的功能是返回 a、b、c、d 这 4 个参数的和，其中 a、b、c 是必选参数，d 是可选参数，主程序的功能是打印 demo(1,2,3,4)的调用结果，这里给出 4 个实参，因此 a、b、c、d 这 4 个形参分别取值 1、2、3、4，函数的返回值为 10，故本题选择 A 选项。

13. 答案：C

解析：本题中，函数 calu(x＝3,y＝4,z＝2)的功能是返回 x 乘以 y 的 z 次方的结果，其中 x、y、z 这 3 个参数均为可选参数，主程序调用 calu()函数时，h 和 w 的值按照位置传参分别传递给形参 x 和 y，而形参 z 则取默认值 2，函数返回值为 4 乘以 3 的 2 次方，故本题选择 C 选项。

14. 答案：A

解析：本题中，函数 countnum(a，＊b)中包含 1 个必选参数 a 和 1 个可变数量参数 b，其功能是打印可变数量参数的个数加 1，主程序的函数调用语句 countnum(3,6,9,12,15,18)中一共包含 6 个参数，其中第 1 个参数 3 传递给 a，其他 5 个参数以元组的形式传递给 b，因此 len(b)的结果是 5，打印输出的结果则是 6，故本题选择 A 选项。

15. 答案：D

解析：函数体中的 return 语句用于结束函数体的运行，并带回返回值。函数体中可以出现 0 个或多个 return 语句；函数体中若不包含 return 语句，则该函数无返回值；函数也可以在一条 return 语句中同时将 0 个、1 个或多个结果数据赋值给调用语句中的主程序的变量，故本题选择 D 选项。

16. 答案：D

解析：Python 中的函数被调用后才会执行，本题中只有一条赋值语句 t＝5.5 和函数 above_zero()的定义，因此程序没有输出，故本题选择 D 选项。

17. 答案：B

解析：本题中，函数 test(a ＝ 20，b ＝ 10)包含 2 个可选参数 a、b，函数的功能是改变全局变量 z 的值为 z 加上 a 乘 b 的和，并将 z 的值作为函数返回值。主程序的函数调用语句 print(z，test()，z)，分别打印 z 的值、test()函数的返回值、再打印一次 z 的值，打印第一个 z 值时函数还没有被调用，z 的值为 10，调用函数 test()时，由于没有给出参数，因此使用参数默认值，函数体中借助 global z 语句声明 z 是全局变量，z ＋＝ a ＊ b 语句即将 z 赋值为 10＋20 ＊ 10，z 的值为 210，而函数调用结束后，主程序中的全局变量 z 的值也是 210，故本题选择 B 选项。

18. 答案：C

解析：本题中，函数 f()的功能是打印字符串"Python"，函数本身没有返回值。主程序中的 print(type(f)，type(f()))语句用于打印 type(f)和 type(f())的值，type()函数用于返回参数对象的类型。type(f)返回的是 f 的类型，由于 f 是一个函数名，因此它的类型是 function，type(f())返回的是调用函数 f()后返回值的类型。由于本函数没有返回值，因此是 NoneType 类型，故本题选择 C 选项。

19. 答案：A

解析：Python 允许函数里的局部变量或形参和全局变量同名，但是它们各自的作用域不同。全局变量指的是在函数之外定义的变量，在程序执行全过程有效；局部变量仅在函数内部创建和使用，函数调用结束后变量被释放，故本题选择 A 选项。

20. 答案：D

解析：Python 内置的 all() 函数用于判断函数的所有参数是否都为 True，如果是，则返回 True，否则返回 False。参数除了是 0、空串、None、False 外，其他都算 True。本题中，all([1,True,True])的所有参数都为 True，故本题选择 D 选项。

21. 答案：D

解析：本题中，fact(n)函数的功能是用递归的方法计算 n 的阶乘并返回，故本题选择 D 选项。

22. 答案：D

解析：本题中，函数 fun1(a，b，＊ args)包含 2 个必选参数 a、b 和 1 个可变数量参数

args,其功能是分别打印 a、b、args 的值,主程序的函数调用语句 fun1(1,2,3,4)中一共包含 4 个参数,其中第 1 个参数 1 传递给 a,第 2 个参数 2 传递给 b,其他 2 个参数以元组的形式传递给 args,故本题选择 D 选项。

23. 答案：A

解析：本题中,函数 func(x,y)包含形参 x 和 y,而主程序中包含全局变量 x 和 y,它们各自的作用域不同,形参 x,y 的作用域是函数内部,因此函数 func(x,y)的返回值为 200,主程序中 x 和 y 的值并没有发生改变,x 仍然是 10,y 仍然是 100,z 的值为 210,故本题选择 A 选项。

24. 答案：C

解析：本题中,函数 mya(a,x)包含形参 a 和 x,其功能是借助内置函数 pow()实现将 a 的 x 次方赋值给 a,并打印 a 的值,以空格结束。主程序中包含一个全局变量 a。形参 a 和全局变量 a 各自的作用域不同,形参 a 的作用域是函数内部,因此程序执行 mya(a,3)语句时,函数内部打印 3 的 3 次方(即 27),函数调用结束后主程序中全局变量 a 的值并没有发生改变,因此 print(a)语句输出 a 的值为 3,故本题选择 C 选项。

25. 答案：D

解析：Python 中,利用 lambda 关键字定义特殊的 lambda 函数。lambda 函数又称为匿名函数,主体是一个表达式,它将函数名作为函数结果返回,故本题选择 D 选项。

26. 答案：D

解析：本题中的两个 lambda 函数 MA 和 MI,MA 的返回值是(x<y) * x+(x>y) * y,MI 的返回值是(x<y) * y+(x>y) * x,两个形参 x 和 y 的值分别是 100 和 200,(x<y) * x+(x>y) * y 的值为 100,(x<y) * y+(x>y) * x 的值为 100,因此,MA 和 MI 函数的返回值分别为 100 和 200,故本题选择 D 选项。

27. 答案：B

解析：本题通过 s = lambda x: "yes" if x == 1 else "no"语句定义了一个匿名函数赋值给 s,而函数 s 的参数为 x,返回值为单行 if 结构"yes" if x == 1 else "no",即当 x 等于 1 时,返回"yes",否则返回"no"。主程序中两次调用函数 s(),其中 s(0)的返回值为"no",s(1)的返回值为"yes",故本题选择 B 选项。

28. 答案：A

解析：本题中,自定义函数 split(s)返回以"i"为分隔符切分字符串 s 后所得的列表,而主程序中的"print(s.split())"语句调用的是 Python 字符串类型的 split() 方法,而不是自定义的 split() 函数,故本题选择 A 选项。

29. 答案：C

解析：datetime 库中的 datetime 是一个日期时间表示的类,功能覆盖 date 和 time 类,通过 from datetime import datetime 导入的是 datetime 类。datetime 类的 now()方法,返回当前日期和时间。datetime 类的 datetime()方法用于根据参数构造一个日期和时间对象。datetime 类的 strftime()方法用于将 datetime 对象进行格式化输出,故本题选择 C 选项。

30. 答案：B

解析：函数体语句中如果包括调用函数自身的语句,则该函数叫作递归函数。递归函数存在一个或多个基例(底部)。基例不需要再次递归,它可以得到确定的结果值。递归不是循环,它的实现通常由分支语句和函数调用构成,故本题选择 B 选项。

31. 答案:A

解析:Python 中的内置函数 Oct()将一个整数转换成对应的八进制字符串,故本题选择 A 选项。

32. 答案:D

解析:Python 中函数的定义必须在函数调用之前,本题代码中,函数 fun2()的调用在定义之前,故本题选择 D 选项。

33. 答案:B

解析:Python 的内置函数 zip()的功能是将可迭代的对象作为参数,将对象中对应的元素打包成一个个元组,然后返回由这些元组组成的列表。本题中,函数的调用结果是元组组成的列表 [('连', '霍'), ('花', '香'), ('清', '正'), ('瘟', '气')],故本题选择 B 选项。

34. 答案:D

解析:Python 的内置函数 abs()的功能是获取数字的绝对值,若参数为复数,则返回复数的模,故本题选择 D 选项。

35. 答案:A

解析:Python 的内置函数 sorted(iterable, key=None, reverse=False)的功能是对序列进行排序,其中,iterable 表示指定的序列,key 参数可以自定义排序规则,reverse 参数指定以升序(False,默认)还是以降序(True)进行排序。本题中的排序对象为字符串列表,排序规则为 lambda 语句定义的每个字符串的第 0 位和第 1 位构成的比较关键字,默认升序排列,故本题选择 A 选项。

5.4.2　医药案例题参考答案

1. 参考代码

```
def dna(s):
    ans = ''
    for c in s:
        if c == 'A':
            ans += 'T'
        elif c == 'T':
            ans += 'A'
        elif c == 'G':
            ans += 'C'
        elif c == 'C':
            ans += 'G'
    return ans

s = input("请输入碱基链字符串(字符串中只包含大写字母 A、G、T、C):")
print("对应的互补碱基链是:{}".format(dna(s)))
```

2. 参考代码

```
def coding(s):
    n = len(s)
    if s.count('0') == n:
        return 'A'
    elif s.count('1') == n:
        return 'B'
    else:
        return 'C'+coding(s[0:n//2])+coding(s[n//2:n])

s = input("请输入一个 Kitty 猫基因的 01 字符串:").strip()
print("这个 Kitty 猫基因的 ABC 编码是:{}".format(coding(s)))
```

实验 6 组合数据类型

本实验主要学习组合数据类型中的序列、集合和映射的概念、特点及其操作,学习利用 jieba 库分词,以及计算基因序列的复杂度和药品销售数据的清理两个医药案例的实现。

6.1 实 验 目 的

- 掌握 Python 组合数据类型的概念和分类。
- 掌握序列的通用操作符、函数和方法,列表特有的操作符、函数和方法。
- 掌握集合的生成,集合的操作符、函数和方法。
- 掌握字典的概念,字典的操作符、函数和方法。
- 掌握 jieba 库的常用函数。
- 掌握中英文词频统计的方法。
- 掌握计算基因序列复杂度案例的设计与实现。
- 理解药品销售数据的清理方法。

6.2 知识点解析

6.2.1 组合数据类型概述

1. 组合数据类型的概念

程序设计时不仅需要对单个变量表示的数据进行处理,还经常需要对一组数据进行批量处理,可将多个同类型或不同类型的数据组织起来并统一表示,这种能够一次性表示多个数据的类型称为组合数据类型。

2. 组合数据类型的分类

根据数据之间的关系,组合数据类型可以分为 3 类:序列、集合和映射。

6.2.2 序列

1. 序列的概念和特点

序列是一维元素向量,元素之间存在先后关系,可以通过索引号访问。由于元素之间存在先后关系,所以序列中可以存在数值相同但位置不同的元素。序列的元素既可以是简单数据类型,也可以是组合数据类型。序列中各个元素的类型可以相同,也可以不同。

Python 的序列类型包括字符串、元组和列表。本章主要介绍序列类型中的元组和列表。

序列的通用操作如表 6.1 所示。

表 6.1　序列的通用操作

操　作	功　能　描　述
s＋t	连接两个序列 s 与 t,返回一个新序列
s＊n 或 n＊s	复制 n 次序列 s,返回一个新序列
seq[i]	按索引号取元素,返回第 i 个元素
seq[start：end[：step]]	序列切片,返回子序列
x in seq	如果 x 是 seq 的元素,则返回 True,否则返回 False
x not in seq	如果 x 不是 seq 的元素,则返回 True,否则返回 False
<=、<、>、>=、==、!=	比较运算符
is	判断两个对象是否为同一对象,如果是,则返回 True,否则返回 False
is not	判断两个对象是否为同一对象,如果不是,则返回 True,否则返回 False
not, and, or	逻辑运算符

序列类型通用的函数和方法如表 6.2 所示。

表 6.2　序列类型通用的函数和方法

函数和方法	功　能　描　述
len(s)	返回序列 s 的元素个数
min(s)	返回序列 s 中的最小元素
max(s)	返回序列 s 中的最大元素
s.index(x[，i[，j]])	返回切片 s[i:j]中第一次出现元素 x 的索引号,若找不到,则结束运行并报错
s.count(x)	返回序列 s 中 x 出现的总次数

2. 元组

元组用一对圆括号作为数据定界符,它是序列中比较特殊的类型,因为它一旦创建,就不能被修改,即元组生成后其元素是固定不变的,不可以增加或删除元素。元组常用来接收一个函数返回的多个值。

3. 列表

列表是包含 0 个或多个对象引用的有序序列,用一对中括号作为定界符。列表的长度和内容都是可变的。列表可以包括所有类型的数据,同一个列表的元素类型也可以不同。

列表是序列类型,表 6.1 和表 6.2 中序列类型的操作和函数都可应用于列表类型。除此之外,列表还有一些特有的操作、函数和方法,其中列表特有的操作如表 6.3 所示。

表 6.3　列表特有的操作

操　作	功　能　描　述
ls ＋= lt	将列表 lt 中的元素增加到列表 ls 中
ls ＊= n	更新列表 ls,其元素重复 n 次

续表

操 作	功 能 描 述
ls[i] = x	给列表 ls 中的第 i 个元素赋值 x
ls[i:j:k] = lt	把列表中切片 ls[i:j:k] 对应的元素用列表 lt 的元素赋值

列表特有的函数如表 6.4 所示。

表 6.4　列表特有的函数

函 　 数	功 能 描 述
del(ls[i:j:k])	删除列表中切片对应的元素
del(ls[i])	删除列表中索引号为 i 的元素

列表特有的方法如表 6.5 所示。

表 6.5　列表特有的方法

方 　 法	功 能 描 述
ls.extend(lt)	将列表 lt 中的元素增加到列表 ls 中
ls.append(x)	在列表 ls 的最后增加一个元素 x
ls.clear()	删除 ls 中的所有元素
ls.copy()	生成一个新列表,复制 ls 中的所有元素
ls.insert(i, x)	在列表 ls 中索引号为 i 的位置插入元素 x
ls.pop(i)	返回 ls 中索引号为 i 的元素并删除该元素
ls.remove(x)	删除列表中出现的第一个元素 x
ls.reverse()	将列表 ls 中元素的顺序颠倒

6.2.3　集合

1. 集合的概念和特点

集合类型与数学中集合的概念一致,即包含 0 个或多个数据项的无序组合。Python 用花括号将这些数据项括起来,就形成了集合。

集合的特点是集合中的元素不可重复,因此使用集合类型可以过滤掉重复元素。集合的元素只能是固定数据类型,当元组的元素是固定数据类型时,元组也可以作为集合的元素,但是列表、集合和字典是可变数据类型,不能作为集合的元素。

2. 集合的操作、函数和方法

集合的操作有并、差、交、补等,它们的含义与数学定义相同,与之对应的集合的操作如表 6.6 所示。

表 6.6 集合的操作

操　　作	功　能　描　述
x in S	如果 x 是 S 的元素,则返回 True,否则返回 False
x not in S	如果 x 不是 S 的元素,则返回 True,否则返回 False
S−T 或 S.difference(T)	返回一个新集合,该集合中包括在集合 S 中但不在集合 T 中的元素
S−=T 或 S.difference_update(T)	更新集合 S,该集合中包括在集合 S 中但不在集合 T 中的元素
S & T 或 S.intersection(T)	返回一个新集合,该集合中包括同时在集合 S 和 T 中的元素
S&=T 或 S.intersection_update(T)	更新集合 S,该集合中包括同时在集合 S 和 T 中的元素
S^T 或 S.symmetric_difference(T)	返回一个新集合,该集合中包括集合 S 和 T 中的元素,但不包括同时在 S 和 T 中的元素
S^=T 或 S.symmetric_difference_update(T)	更新集合 S,该集合中包括集合 S 和 T 中的元素,但不包括同时在 S 和 T 中的元素
S|T 或 S.union(T)	返回一个新集合,该集合中包括集合 S 和 T 中的所有元素
S|=T 或 S.update(T)	更新集合 S,该集合中包括集合 S 和 T 中的所有元素
S<=T 或 S.issubset(T)	如果 S 与 T 相同或 S 是 T 的子集,则返回 True,否则返回 False,可以用 S<T 判断 S 是否为 T 的真子集
S>=T 或 S.issuperset(T)	如果 S 与 T 相同或 S 是 T 的超集,则返回 True,否则返回 False,可以用 S>T 判断 S 是否为 T 的真超集

集合的函数和方法如表 6.7 所示。

表 6.7 集合的函数和方法

函数或方法	功　能　描　述
len(S)	返回集合 S 中的元素个数
S.add(x)	如果数据项 x 不在集合 S 中,则将 x 增加到 S 中
S.clear()	移除 S 中的所有数据项
S.copy()	返回集合 S 的一个副本
S.pop()	随机返回集合 S 中的一个元素,同时删除该元素。如果 S 为空,则产生 KeyError 异常
S.discard(x)	如果 x 在集合 S 中,移除该元素;如果 x 不在集合 S 中,则不报错
S.remove(x)	如果 x 在集合 S 中,移除该元素;如果 x 不在集合 S 中,则产生 KeyError 异常
S.isdisjoint(T)	如果集合 S 与 T 没有相同的元素,则返回 True

6.2.4　字典

1. 字典的概念

通过键信息查找一组数据中值信息的过程称为映射,Python 语言通过字典实现映射。
Python 语言中的字典可以通过花括号(｛｝)创建。

创建字典的语法格式如下。

字典变量 = {<键 1>:<值 1>, <键 2>:<值 2>, …, <键 n>:<值 n>}

其中,键和值通过冒号连接,不同的键值对通过逗号隔开。

创建字典时,键只可以取固定数据类型,值的数据类型不限。字典元素无序,但键无重复。

2. 字典的操作和方法

字典有非常灵活的操作方法,例如:

① 检索字典:<字典变量>[<键>] 返回该键对应的值

② 成员运算:<键> in <字典变量>

③ 修改值、添加元素:<字典变量>[<键>]=值

④ 删除元素:del(<字典变量>[<键>])

字典的方法如表 6.8 所示。

表 6.8　字典的方法

方　　法	功　　能
<d>.keys()	返回所有的键信息,类型为 dict_keys
<d>.values()	返回所有的值信息,类型为 dict_values
<d>.items()	返回所有的键值对信息,类型为 dict_items
<d>.get(<key>,<default>)	若键存在,则返回该键的 value 值,否则返回 default 值
<d>.pop(<key>,<default>)	若键存在,则返回相应的 value 值,同时删除该键值对,否则返回 default 值
<d>.popitem()	随机从字典中取出一个键值对,以元组(key, value)形式返回
<d>.clear()	从字典中删除所有的键值对

6.2.5　jieba 库简介

jieba 库是 Python 中一个重要的第三方库,主要提供中文分词服务,需要先安装再使用。jieba 库中常用的分词函数如表 6.9 所示。

表 6.9　jieba 库中常用的分词函数

函　　数	功　　能
jieba.cut(s)	精确模式,返回一个可迭代的数据类型
jieba.cut(s, cut_all=True)	全模式,输出文本 s 中所有可能的单词
jieba.cut_for_search(s)	搜索引擎模式,适合搜索引擎建立索引的分词结果
jieba.lcut(s)	精确模式,返回一个列表类型,建议使用
jieba.lcut(s, cut_all=True)	全模式,返回一个列表类型,建议使用
jieba.lcut_for_search(s)	搜索引擎模式,返回一个列表类型,建议使用
jieba.add_word(w)	向分词词典中增加新词 w

6.3 实 验 内 容

6.3.1 基本概念题

1. 关于 Python 组合数据类型,以下选项描述错误的是(　　)。

    A. 序列类型是二维元素向量,元素之间存在先后关系,通过索引号访问

    B. Python 组合数据类型能够将多个数据组织起来,通过单一的表示使数据操作更有序

    C. 组合数据类型可以分为 3 类:序列类型、集合类型和映射类型

    D. Python 的 str、tuple 和 list 类型都属于序列类型

2. 以下选项描述错误的是(　　)。

    A. 如果 s = [1,"Amoxicillin",True],s[3]返回 True

    B. 如果 x 不是 s 的元素,x not in s 返回 True

    C. 如果 s = [1,"Amoxicillin",True],s[−1]返回 True

    D. Python 中使用 list()函数返回一个空列表

3. 关于 Python 的列表,以下选项描述错误的是(　　)。

    A. 可以对列表进行成员关系操作、长度计算和分片

    B. 可以使用比较操作符(如>或<等)对列表进行比较

    C. 列表可以同时使用正向递增索引号和反向递减索引号进行索引

    D. 列表的长度和内容都可以改变,但元素类型必须相同

4. 列表 ls = [[20, 30, 70], [[30, 50], 250], [0, 90]],len(ls)值是(　　)。

    A. 2   B. 3   C. 4   D. 5

5. 列表 list1 = [300, 10, 2, 0],list2 = [100, 21, 133],比较两个列表,结果正确的是(　　)。

    A. list1 > list2   B. list1 < list2

    C. list1 == list2   D. 两者不可比较

6. 下面代码的输出结果是(　　)。

```
ls = [10,20,30,40,50,60,70]
print(ls[3:2])
print(ls[-5:-3])
```

    A. [30, 40]   B. [30, 40]

        [30, 40]   []

    C. []   D. []

        [30, 40]   []

7. 下面代码的输出结果是(　　)。

```
ls = [[10,20,30],'Python',[[40,50,'ABC'],60],[70,80]]
print(ls[2][1])
```

A. 'ABC'　　　　　　　B. p　　　　　　　C. 40　　　　　　　D. 60

8. 下面代码的输出结果是(　　　)。

```
ls = [11,12,13,14]
for i in ls:
    if i == '12':
        print('找到! i = ',i)
        break
else:
    print('未找到 ...')
```

A. 未找到 ...
　　找到! i = 12

B. 找到! i = 12

C. 未找到 ...

D. 未找到 ...
　　未找到 ...
　　未找到 ...
　　未找到 ...

9. 下面代码的输出结果是(　　　)。

```
def add_run(L=None):
    if L is None:
        L = []
    L.append('北京')
    return L
add_run()
add_run()
print(add_run(['上海']))
```

A. ['上海']

B. ['上海', '北京']

C. ['上海', '北京']
　　['北京']

D. ['北京']

10. 下面代码的输出结果是(　　　)。

```
ls = [50,100]
def run(n):
    ls.append(n)
run(150)
print(ls)
```

A. [50,100]

B. [50,100,150]

C. NameError

D. None

11. 下面代码的输出结果是(　　　)。

```
L = []
```

```
x = 3
def pri_val(x):
    L.append(x)
    x = 5
pri_val(x)
print('L = {}, x = {}'.format(L, x))
```

A. L = [3], x = 5   B. L = 3, x = 3

C. L = [3], x = 3   D. L = 3, x = 5

12. 运行下列代码,不可能的输出结果是(　　)。

```
import random
ls = [2,3,4,5]
s = 10
k = random.randint(0,2)
s += ls[k]
print(s)
```

A. 12   B. 13   C. 15   D. 14

13. 下面代码的输出结果的行数是(　　)。

```
ls = [2,0,6]
x = 100
try:
    for i in ls:
        y = 100 // i
        print(y)
except:
    print('error')
```

A. 3   B. 2   C. 4   D. 1

14. 以下程序的输出结果是(　　)。

```
img1 = ["ab","cd","ef","gh"]
img2 = [1,2,3,4,5]
def modi():
    img1 = img2
    print(img1)
modi()
print(img1)
```

A. [1, 2, 3, 4, 5]   B. ['ab', 'cd', 'ef', 'gh']

    ['ab', 'cd', 'ef', 'gh']   ['ab', 'cd', 'ef', 'gh']

C. ['ab', 'cd', 'ef', 'gh']   D. [1, 2, 3, 4, 5]

    [1, 2, 3, 4, 5]   [1, 2, 3, 4, 5]

15. 关于 Python 的列表,以下选项描述错误的是(   )。

    A. ls.clear():删除 ls 的最后一个元素

    B. ls.reverse():反转列表 ls 中的所有元素

    C. ls.copy():生成一个新列表,复制 ls 中的所有元素

    D. ls.append(x):在 ls 的最后增加一个元素 x

16. 下面代码的输出结果是(   )。

```
ls = [1,2,3,4,5,6,7]
print(ls.pop(1), len(ls))
```

    A. 1 6   B. 1 7   C. 2 6   D. 2 7

17. 下面代码的输出结果是(   )。

```
ls = ["玉叶金花", "甘草", "金银花", "天山雪莲", "西红花"]
x = '甘草'
print(ls.index(x,0))
```

    A. −2   B. 0   C. −3   D. 1

18. 下面代码的输出结果是(   )。

```
L1 = [10,20,30,40]
L2 = L1.copy()
L2.reverse()
print(L1)
```

    A. [40,30,20,10]   B. 40,30,20,10

    C. 10,20,30,40   D. [10,20,30,40]

19. 下面代码的输出结果是(   )。

```
L1 = [m + n for m in 'ST'  for n in 'XY']
print(L1)
```

    A. ['SX', 'SY', 'TX', 'TY']   B. SSTTXXYY

    C. 错误   D. STXY

20. 关于组合数据类型,以下选项描述正确的是(   )。

    A. 序列类型的元素可以用 reverse()方法交换相邻元素的位置

    B. 集合中的元素可以重复

    C. 元组采用大括号方式表示

    D. Python 中最常用的映射类型的典型代表是字典

21. 下面代码的输出结果是(   )。

```
x = {}
print(type(x))
```

A. <class 'dict'>   B. <class 'list'>

C. <class 'set'>   D. <class 'tuple'>

22. 关于组合数据类型,以下选项描述正确的是(　　)。

A. 字典的 items()函数返回一个键值对   B. 使用大括号可以创建字典

C. 可以用 set()向集合中增加新元素   D. 字典数据类型里可以将列表作为键用

23. 关于 Python 中的字典,以下选项描述错误的是(　　)。

A. 字典的每个键值对之间用逗号(,)分隔

B. 定义字典对象时,键和值用冒号连接

C. 在 Python 中,用字典实现映射,通过整数索引查找其中的元素

D. 在字典中可以通过键查找相应的值

24. 字典 d = {"a": 1, "b": 3, "c": 2},len(d)的结果是(　　)。

A. 2   B. 3   C. 4   D. 5

25. 关于 Python 字典,以下错误的是(　　)。

A. d = {[1, 2]: 1, [3, 4]: 3}   B. d = {1: [1, 2], 3: [3, 4]}

C. d = {(1, 2): 1, (3, 4): 3}   D. d = {'金银花': 1, '甘草': 2}

26. 字典 d={"玉叶金花":5, "金银花":8, "西红花":6}能够输出数字 5 的语句是(　　)。

A. print(d["玉叶金花"])   B. print(d[0])

C. print(d[−3])   D. print(d)

27. 下列数据组织维度中,最适合用字典类型表达的选项是(　　)。

A. 一维数据   B. 三维数据   C. 二维数据   D. 高维数据

28. 下面代码的输出结果是(　　)。

```
ds = {'eng':2,'math':6,'comp':9,'PE':4}
print(ds.pop(max(ds.keys()), 0))
```

A. 6   B. math   C. 4   D. PE

29. 下面代码的输出结果是(　　)。

```
x = [1,2,3]
y = ("a", "b","c")
z = {}
for i in range(len(x)):
    z[i] = list(zip(x,y))
print(z)
```

A. {0: [1,2,3],('a','b','c')),1: ([1,2,3],('a','b','c')),2: ([1,2,3],('a','b','c'))}

B. {0: [(1, 'a'), (2, 'b'), (3, 'c')], 1: [(1, 'a'), (2, 'b'), (3, 'c')], 2: [(1, 'a'), (2, 'b'), (3, 'c')]}

C. {0: [1,'a'],1: [2,'b'],2: [3,'c']}

D. {0: (1,'a'),1: (2,'b'),2: (3,'c')}

30. 给程序填空,输出结果是{0: ['Python', 100], 1: ['Java', 200], 2: ['C', 300]}的选

项是(　　　)。

```
x = ("Python", "Java","C")
y = [100,200,300]
z = {}
for i in range(len(x)):
    _____
print(z)
```

A. z[i] = x[i], y[i]　　　　　　　B. z[i] = [x[i], y[i]]

C. z[i] = list(zip(x, y))　　　　　D. z[i] = x, y

6.3.2　简单操作题

1. 随机输出列表中的元素

要求：在屏幕上输出列表 ls 中被随机选中的药品名称。程序运行效果如下。

川贝止咳糖浆

分析：创建列表变量并将数据赋值给 ls，列表元素是药品名称。本题要求随机输出列表中的元素，可采用 Python 内置 random 库中的函数实现。

实验步骤：

1）添加并完善程序代码

新建文件，输入以下代码，填写正确代码以替换横线，不修改其他代码，实现题目功能。

```
import _____
ls = ['VC 银翘片','清热解毒口服液','三九感冒灵','川贝止咳糖浆']
random.seed(0)
_____
print(name)
```

2）保存并运行程序

将文件保存为 PY60201.py，运行程序，验证程序的正确性并观察程序执行效果。

3）提示

本题可通过将随机整数作为列表元素的索引号，达到随机选取列表元素的目的。由于列表元素个数是 4，因此使用 random 库中的 randint() 函数生成的随机整数在[0,3]；本题也可以直接通过 random 库中的 choice() 函数返回列表随机项。

2. 输入药品名称，判断其是否存在于已知药品列表中

要求：给列表 lis 赋值，元素是药品名称。从键盘输入一个药品名称，判断它是否在列表 lis 中，并在屏幕上输出判断结果。程序运行效果如下。

输入药品名称:高特灵
高特灵在列表中!

```
>>>
输入药品名称:开博通
开博通不在列表中!
>>>
```

分析：本题用 input() 函数从键盘输入药品名称赋值给创建的变量 drug,可使用 in 成员操作符判断输入的药品名称是否在列表中。

实验步骤:

1)添加并完善程序代码

新建文件,输入以下代码,填写正确代码以替换横线,不修改其他代码,实现题目功能。

```
drug = input('输入药品名称:')
lis = ['强力 VC 银翘片','清热解毒口服液','感康','三九感冒灵','高特灵','心痛定']
if _____ :
    _____
else:
    _____
```

2)保存并运行程序

将文件保存为 PY60202.py,运行程序,验证程序的正确性并观察程序执行效果。

3. 输出两个列表对应元素乘积的累加和

要求:a 和 b 是两个列表变量,列表 a 为[11,22,33],用户从键盘输入列表 b,计算列表 a 中元素与列表 b 中对应位置元素乘积的累加和并在屏幕上输出。例如,从键盘输入的列表 b 为[4,5,6],累加和为 11×4+22×5+33×6=352。程序运行效果如下。

```
请输入列表:[4,5,6]
352
```

分析:由于本题需要计算累加和,因此可采用 for 循环实现,在循环体中将两个列表的索引号相同的元素取出后相乘并将乘积累加。

实验步骤:

1)添加并完善程序代码

新建文件,输入以下代码,填写正确代码以替换横线,不修改其他代码,实现题目功能。

```
a = [11,22,33]
b = eval(input("请输入列表:"))

_____
for i in range(3):
    s += _____
print(s)
```

2)保存并运行程序

将文件保存为 PY60203.py,运行程序,验证程序的正确性并观察程序执行效果。

3）提示

在利用 for 循环实现累加求和时,在循环开始前要指定累加器变量并赋初值,做好累加准备。

4. 输出递增的等差数列

要求:从键盘输入以逗号分隔的 3 个数字,分别赋值给 a、b 和 c。a 为起始数值,b 为差,c 为数量,本题要求生成一个递增的等差数列,将这个数列以列表格式在屏幕上输出。程序运行效果如下。

```
请输入 3 个整数(以,分隔):3,4,5
[3, 7, 11, 15, 19]
```

分析:首先通过赋值语句为创建的 a、b、c 变量同时赋值,本题要求以列表格式输出数列,可在循环结构中利用 append()方法向列表添加多个元素。

实验步骤:

1）添加并完善程序代码

新建文件,输入以下代码,填写正确代码以替换横线,不修改其他代码,实现题目功能。

```
a, b, c = eval(input("请输入 3 个整数(以,分隔):"))
_____
for i in range(_____):
    ls._____
print(ls)
```

2）保存并运行程序

将文件保存为 PY60204.py,运行程序,验证程序的正确性并观察程序执行效果。

3）提示

在本题列表中依次添加的元素值可通过对 a、b 和循环控制变量 i 的计算获得。

5. 输出大写英文字母

要求:从键盘输入一个 1~26 的数字,在屏幕上输出该索引号对应的大写英文字母。程序运行效果如下。

```
请输入一个数字:6
大写英文字母是:F
```

分析:本题初始化列表时,给索引号为 0 的列表元素赋值 0,接着利用 for 循环和append()方法将"A"到"Z"依序添加到列表 ls 中。

实验步骤:

1）添加并完善程序代码

新建文件,输入以下代码,填写正确代码以替换横线,不修改其他代码,实现题目功能。

```
s = eval(input("请输入一个数字:"))
ls = [0]
for i in range(65,91):
```

```
        ls.append(chr( _____ ))
print("大写英文字母是:{}".format( _____ ))
```

2）保存并运行程序

将文件保存为 PY60205.py，运行程序，验证程序的正确性并观察程序执行效果。

3）提示

chr(i)函数返回整数 i 对应的 Unicode 字符，如 chr(65)返回字符"A"，而"A"在本题中是列表 ls 中索引号为 1 的元素。

6. 删除列表中的重复元素

要求：本题要求将列表内的重复元素删除并输出。例如，列表 lis 原本为[2,5,9,6,5,9,8]，其中 5、9 均有重复，将重复元素删除后并在屏幕上输出列表。程序运行效果如下。

```
[2, 5, 6, 8, 9]
```

分析：列表中可以存在数值相同但位置不同的元素。本题要求将重复元素删除，由于集合中元素不可重复，因此可将列表转化为集合来实现删除重复元素。

实验步骤：

1）添加并完善程序代码

新建文件，输入以下代码，填写正确代码以替换横线，不修改其他代码，实现题目功能。

```
lis = [2,5,9,6,5,9,8]
new_lis = _____
print(new_lis)
```

2）保存并运行程序

将文件保存为 PY60206.py，运行程序，验证程序的正确性并观察程序执行效果。

3）提示

set()函数和 list()函数可以实现集合和列表的转换。

7. 统计英文文本中英文字符出现的频率并排序

要求：从键盘输入英文文本，不区分大小写，统计英文字母出现的频率并降序排列，以指定格式成对输出字母及其出现频率。程序运行效果如下。

```
请输入英文句子:There is no royal road to learning.
r-->4
o-->4
e-->3
n-->3
a-->3
t-->2
i-->2
l-->2
h-->1
```

```
s-->1
y-->1
d-->1
g-->1
```

分析：从键盘输入的英文文本不区分大小写,要先将输入的字符全部转换为小写。本题中只对文本中的字母项进行统计,可以利用列表生成式法生成列表 al,列表元素依次为"a"到"z"。统计结果要求按"字母－－>频率"的格式输出,可考虑借助字典完成频率统计。统计过程为：遍历英文文本,判断文本中的每个字符是否在列表 al 中。如果在,就使用字典的 get()方法对出现的每个字符在已有字典项目中查找,若未出现过,则建立新的字典键值对;若已经出现过,则对应键的值加 1。遍历结束后创建字典 d,以字符为键,以频率为值。然后将字典转换为有顺序的列表 ls,使用 sort()方法和 lambda()函数配合实现降序排列,排序依据为"频率"元素,最后按要求输出结果。

实验步骤：

1）添加并完善程序代码

新建文件,输入以下代码,填写正确代码以替换横线,不修改其他代码,实现题目功能。

```
s = input("请输入英文句子:")
s = _____
d = {}
al = [_____]
for i in s:
    if i in al:
        d[i] = _____
ls = list(_____)
ls.sort(key = _____, reverse = True)
for i in ls:
    _____
    print("{}-->{}".format(alp,cnt))
```

2）保存并运行程序

将文件保存为 PY60207.py,运行程序,验证程序的正确性并观察程序执行效果。

3）提示

由于字典元素无序,因此需要把字典转换成列表后再进行排序。列表元素为键值对组成的元组。

8. 输出文本中的中文词语个数和词语的平均长度

要求：从键盘输入中文文本,不含标点符号和空格,在屏幕上输出文本中的中文词语个数和词语的平均长度,平均长度保留 1 位小数,程序运行效果如下。

```
请输入一个字符串(中文,不含标点符号和空格):科技是第一生产力
中文词语数为 4,词语的平均长度是 2.0
```

分析：在统计中文词语个数时,需要先利用第三方库 jieba 进行中文分词,然后再利用

函数 len()统计分词结果中的词语个数。计算词语的平均长度可采用中文字符数除以中文词语个数来实现。

实验步骤：

1）添加并完善程序代码

新建文件，输入以下代码，填写正确代码以替换横线，不修改其他代码，实现题目功能。

```
import jieba
s = input("请输入一个字符串(中文,不含标点符号和空格):")
n = _____
m = _____
print("中文词语数为{},词语的平均长度是{:.1f}".format(m,_____))
```

2）保存并运行程序

将文件保存为 PY60208.py，运行程序，验证程序的正确性并观察程序执行效果。

3）提示

jieba 库中的 lcut()函数是最常用的中文分词函数。

6.3.3　综合应用题

1. 输出列表元素的统计结果

要求：本题从键盘输入一个包含若干整数的列表，在屏幕上实现下列输出。

① 输出列表中的最大值和最小值；

② 输出列表元素的平均值，结果保留 3 位小数；

③ 输出列表元素中绝对值最大的数；

④ 将列表元素降序排列后输出。

程序运行效果如下。

```
请输入一个包含若干整数的列表:[-4,5,9,2,3,-7]
最大值是: 9
最小值是: -7
平均值为:1.333
绝对值最大的数为: 9
降序后的新列表为: [9, 5, 3, 2, -4, -7]
```

分析：列表的 min()函数返回列表中的最小元素，max()函数返回列表中的最大元素，sum()函数返回列表中所有元素的和，len()函数返回列表中元素的个数。max()函数可以通过设置参数 key，指定取最大值的依据，比如输出绝对值最大的数，可采用 max(x,key=abs)。列表排序可通过 sort()方法实现。

实验步骤：

1）添加并完善程序代码

新建文件，输入以下代码，请在……处使用一行或多行代码替换，不修改其他代码，实现题目功能。

```
ls = eval(input("请输入一个包含若干整数的列表:"))
......
```

2）保存并运行程序

将文件保存为 PY60301.py，运行程序，验证程序的正确性并观察程序执行效果。

3）提示

本题中要求平均值保留 3 位小数，可采用 format()方法或 round()函数实现。

2. 按要求输出列表。

要求：从键盘输入一个包含若干自然数的列表，在屏幕上实现下列输出。

① 把列表中的所有自然数转换为字符串，然后输出包含这些字符串的列表；

② 输出一个元素为原列表中每个自然数的位数的列表。

程序运行效果如下。

```
请输入一个包含若干自然数的列表:[5,15,3,45,100]
['5', '15', '3', '45', '100']
[1, 2, 1, 2, 3]
```

分析：本题中，要求①输出包含字符串的列表，方法有 3 种，其中方法一使用 map()函数接收 str()函数作用于列表的每个元素后输出，方法二使用 for 循环遍历列表中的每个自然数时，使用 str()函数将其转换成字符串后，再使用 append()方法将字符串添加到新列表后输出，方法三使用列表生成式法直接生成字符串列表后输出；要求②输出自然数位数的列表，方法有两种，其中方法一使用 map()函数结合 lambda()函数实现，方法二使用 map()函数接收 len()函数作用于要求①中生成的字符串列表元素来实现。

实验步骤：

1）添加并完善程序代码

新建文件，输入以下代码，请在……处使用一行或多行代码替换，不修改其他代码，实现题目功能。

```
ls = eval(input("请输入一个包含若干自然数的列表:"))
......
```

2）保存并运行程序

将文件保存为 PY60302.py，运行程序，验证程序的正确性并观察程序执行效果。

3）提示

list()函数可以将 map()函数的返回值转换成列表。

3. 找出字符串中第一个只出现一次的字符

要求：从键盘输入一个只包含小写字母的字符串，在屏幕上输出第一个只出现一次的字符，如果没有，则在屏幕上输出"No"，程序运行效果如下。

```
请输入一个字符串(只包含小写字母):abcabd
c
>>>
```

```
请输入一个字符串(只包含小写字母):aabbcc
No
>>>
```

分析：本题可设置一个包含 26 个元素的列表 cnt，用于记录从"a"到"z"每个小写字母的出现次数，列表元素的初始值均设为 0，随后使用 for 循环遍历输入的字符串，为列表元素赋值；再次使用 for 循环遍历字符串，寻找第一个出现次数为 1 的字符，如果存在，则输出对应的小写字母并结束循环，如果遍历完毕，没有元素值为 1 的元素，则输出"No"。

实验步骤：

1）添加并完善程序代码

新建文件，输入以下代码，请在……处使用一行或多行代码替换，不修改其他代码，实现题目功能。

```
s = input("请输入一个字符串(只包含小写字母):")
cnt = [0] * 26
……
```

2）保存并运行程序

将文件保存为 PY60303.py，运行程序，验证程序的正确性并观察程序执行效果。

3）提示

本题中，字符和列表索引号的对应关系可依据 Unicode 码实现。

4. 按要求输出英文文本中的最长单词和最短单词

要求：从键盘输入英文文本，其中只包含单词和空格，在屏幕上输出第一个最长单词和第一个最短单词。程序运行效果如下。

```
请输入一个字符串:I am studying programming language
第一个最长的单词是: programming
第一个最短的单词是: I
```

分析：本题可使用 split() 方法对输入的英文文本字符串进行切分，得到列表 words，随后使用 len() 函数计算该列表每个元素的长度，可将此值作为元素添加到列表 ls 中，用 ls 的最大值第一次在 ls 中出现的位置作为列表 words 的索引号，即可输出最长单词，采用类似的方法可以找到最短单词。

实验步骤：

1）添加并完善程序代码

新建文件，输入以下代码，请在……处使用一行或多行代码替换，实现题目功能。

```
s = input("请输入一个句子:")
words = s.split()
……
```

2）保存并运行程序

将文件保存为 PY60304.py，运行程序，验证程序的正确性并观察程序执行效果。

3）提示

本题中,返回列表中第一次出现最大值的位置可以使用列表的 index()方法实现。

5. 实现列表排序和元素的删除

要求：生成一个包含 20 个 0～100 随机整数的列表,降序排列列表中索引号为偶数的元素,索引号为奇数的元素不变,输出排序后的列表,然后删除排序后列表中的所有奇数。程序运行效果如下。

```
生成的列表如下:
[5, 28, 14, 20, 86, 63, 49, 66, 17, 14, 20, 4, 63, 70, 5, 34, 36, 0, 64, 36]
排序后,列表如下:
[86, 28, 64, 20, 63, 63, 49, 66, 36, 14, 20, 4, 17, 70, 14, 34, 5, 0, 5, 36]
删除奇数后,列表如下:
[86, 28, 64, 20, 66, 36, 14, 20, 4, 70, 14, 34, 0, 36]
```

分析：本题可采用 for 循环结合 randint()生成一个包含 20 个 100 以内随机整数的列表 x,随后使用 sorted()函数对列表进行排序,排序的对象(偶数索引号元素)可用切片方式通过设置步长为 2 取出,再将 reverse 赋值为 True,即可实现降序排列偶数索引号的元素。最后,从后往前遍历列表,使用列表的 remove()方法依次删除列表中的所有奇数。

实验步骤：

1）添加并完善程序代码

新建文件,输入以下代码,请在……处使用一行或多行代码替换,实现题目功能。

```
import random
x = []
……
print("生成列表如下:")
print(x)
……
print("排序后,列表如下:")
print(x)
……
print("删除奇数后,列表如下:")
print(x)
```

2）保存并运行程序

将文件保存为 PY60305.py,运行程序,验证程序的正确性并观察程序执行效果。

3）提示

本题中,删除元素时,如果从前往后遍历列表,当删除一个元素后,被删除元素后面的值会向前移动,导致漏删。逆序删除元素时,被删元素前面的值不会向后移动,所以可以遍历列表中的所有元素。

6. 按要求统计学生的课程成绩

要求：从键盘连续输入课程名称及成绩,课程名称和成绩用空格分隔,每门课程一行,遇空行按 Enter 键结束录入。本题要求输入结束后在屏幕上输出得分最高的课程名称及成绩,得分最低的课程名称及成绩,以及平均分(保留 2 位小数)。程序运行效果如下。

```
请输入课程名及对应的成绩:语文 87
请输入课程名及对应的成绩:数学 90
请输入课程名及对应的成绩:英语 92
请输入课程名及对应的成绩:化学 85
请输入课程名及对应的成绩:
最高分课程是英语 92, 最低分课程是化学 85, 平均分是 88.50
```

分析:本题要求连续输入课程名称和成绩,直到输入内容为空时按 Enter 键结束输入。由于输入次数未知,因此可采用 while 循环实现。输入一门课程名称及成绩后,将输入的课程名称和成绩字符串通过 split()方法用空格进行切分,生成一个小列表,即['语文', '87'],小列表作为元素添加到列表中,生成一个二维列表 ls,即[['语文', '87'], ['数学', '90'], ['英语', '92'], ['化学', '85']]。在循环执行过程中,取小列表里的"成绩"元素,并将其转化为数值型求累加和,注意累加器 s 在循环开始前要先给定初值 0。利用 max()对 ls 取最大值,取最大值的依据是二维列表 ls 中每个小列表里的"成绩"元素,取出的最大值为 ['英语', '92'],再将最大值中的"课程名称"元素和"成绩"元素分别赋值给 maxc 和 maxs。同理,可以利用 min()取最小值。平均分可以通过累加和 s 除以二维列表 ls 的长度实现。

实验步骤:

1)添加并完善程序代码

新建文件,输入以下代码,请在……处使用一行或多行代码替换,不修改其他代码,实现题目功能。

```
data = input("请输入课程名及对应的成绩:")
s = 0
ls = []
while data:
    ……
    data = input("请输入课程名及对应的成绩:")
……
print("最高分课程是{} {},最低分课程是{} {}, 平均分是{:.2f}".format(maxc,maxs,
minc,mins,s/len(ls)))
```

2)保存并运行程序

将文件保存为 PY60306.py,运行程序,验证程序的正确性并观察程序执行效果。

3)提示

本题中,当 data 为空字符串时,while 循环的条件为 False,循环结束执行。

7. 按要求输出新药年份及其上市数量

要求:根据 Cortellis Drug Discovery Intelligence 截至 2020 年 11 月 18 日的检索结果,近 20 年上市的新药的统计信息用字符串保存如下。

"2020 年,87\n2019 年,96\n2018 年,99\n2017 年,99\n2016 年,76\n2015 年,87\n2014 年,100\

n2013 年,86\n2012 年,63\n2011 年,66\n2010 年,59\n2009 年,81\n2008 年, 63\n2007 年,74\
n2006 年,81\n2005 年,79\n2004 年,59"

　　根据每年上市新药数量从大到小的顺序进行排序,并按照每行一个年份的格式在屏幕
上输出年份及其上市新药的数量。程序运行效果如下。

数据初步切分为如下列表:
['2020 年,87', '2019 年,96', '2018 年,99', '2017 年,99', '2016 年,76', '2015 年,87',
'2014 年,100', '2013 年,86', '2012 年,63', '2011 年,66', '2010 年,59', '2009 年,81',
'2008 年,63', '2007 年,74', '2006 年,81', '2005 年,79', '2004 年,59']

数据二次处理为如下列表:
[['2020 年', '87'], ['2019 年', '96'], ['2018 年', '99'], ['2017 年', '99'], ['2016 年',
'76'], ['2015 年', '87'], ['2014 年', '100'], ['2013 年', '86'], ['2012 年', '63'],
['2011 年', '66'], ['2010 年', '59'], ['2009 年', '81'], ['2008 年', '63'], ['2007 年',
'74'], ['2006 年', '81'], ['2005 年', '79'], ['2004 年', '59']]

最终排序结果为:
2014 年:100
2018 年:99
2017 年:99
2019 年:96
2020 年:87
2015 年:87
2013 年:86
2009 年:81
2006 年:81
2005 年:79
2016 年:76
2007 年:74
2011 年:66
2012 年:63
2008 年:63
2010 年:59
2004 年:59

　　分析:上市新药的统计信息保存在字符串 s 中,可通过 split()方法用"\n"进行切分,生
成一个列表 ls。本题要求根据新药数量排序,可以将 ls 中的每个元素再次通过 split()方法
生成列表,最终生成二维列表 lsls。然后通过列表的 sort()方法实现降序排列,排序依据是
"数量"元素,最终按要求格式输出。

　　实验步骤:

　　1) 添加并完善程序代码

　　新建文件,输入以下代码,请在……处使用一行或多行代码替换,填写正确代码以替换
横线,不修改其他代码,实现题目功能。

```
s = "2020年,87\n2019年,96\n2018年,99\n2017年,99\n2016年,76\n2015年,87\n2014
年,100\n2013年,86\n2012年,63\n2011年,66\n2010年,59\n2009年,81\n2008年,63\
n2007年,74\n2006年,81\n2005年,79\n2004年,59"
……
print("数据初步切分为如下列表:")
print(ls)
print()


lsls = _____
print("数据二次处理为如下列表:")
print(lsls)
print()


……
print("最终排序结果为:")
print(_____)
```

2)保存并运行程序

将文件保存为 PY60307.py,运行程序,验证程序的正确性并观察程序执行效果。

3)提示

本题的输出结果格式为"年份:数量",可采用字符串的 join()方法实现,即先把 lsls 里每个小列表的两个元素用冒号相连,再次使用 join()方法将"年份:数量"用换行符相连。

8. 实现字典的反转输出

要求:从键盘输入一个字典类型的字符串,反转其中的键值并在屏幕上输出,即输入 key:value 模式,输出 value:key 模式。如果输入的字典格式字符串不正确,则提示"输入错误"。程序运行效果如下。

```
请输入字典格式字符串:{"a":1,"b":2}
{1: 'a', 2: 'b'}
>>>
请输入字典格式字符串:1:2,3:4
输入错误
>>>
```

分析:本题从键盘输入字典格式字符串后,使用字典的值和字典的键分别创建两个列表,然后将两个列表组合成新的字典并输出。

实验步骤:

1)添加并完善程序代码

新建文件,输入以下代码,请在……处使用一行或多行代码替换,实现题目功能。

```
s=input("请输入字典格式字符串:")
……
```

2）保存并运行程序

将文件保存为 PY60308.py，运行程序，验证程序的正确性并观察程序执行效果。

3）提示

本题中使用 zip() 函数可以将两个列表对应的元素打包成一个个元组，结合 dict() 生成一个新字典。

9. 英文词频统计

要求：对文本文件"articleEng.txt"中的英文单词出现次数进行统计，在屏幕上输出排名前 10 位的单词和出现次数。程序运行效果如下。

```
词频统计的结果如下：
the          251
of           180
and          141
a            126
to           96
in           80
for          72
ai           59
drug         57
is           55
```

分析：本题自定义函数 gettext()，先读取文本文件的内容，通过 lower() 函数将字符全部转换成小写，并且将文本中的特殊字符都替换成空格。此时得到处理后的字符串 text，通过 split() 方法将 text 切分后生成词汇列表，然后创建字典 counts，将英文单词和出现次数作为键值对存放到字典中。为了实现排序，再将字典转换为列表，将字典的每个键值对生成元组作为列表元素。依据单词出现的次数从高到低对列表元素进行排序，最后输出排序结果前 10 位的单词和出现次数。

实验步骤：

1）添加并完善程序代码

新建文件，输入以下代码，请在……处使用一行或多行代码替换，不修改其他代码，实现题目功能。

```
def gettext():
    txt = open('articleEng.txt', 'r').read()
    ……
text = gettext()
……
for i in range(10):
    ……
```

2）保存并运行程序

将文件保存为 PY60309.py，运行程序，验证程序的正确性并观察程序执行效果。

3）提示

排名前 10 位的单词大多是语法型词汇，请思考如何在输出结果中排除这些词汇。

10. 中文词频统计

要求：对文本文件"articleChn.txt"中的中文词语进行词频统计，在屏幕上输出排名前 15 位的词语及其出现次数。程序运行效果如下。

```
词频统计的结果如下：
药物          82
分子          50
模型          49
学习          41
研发          39
数据          39
算法          37
应用          33
化合物          33
预测          30
人工智能          29
方法          29
发现          25
深度          25
一个          25
```

分析：中文分词与英文分词不同，中文分词可以直接使用 jieba 库中的 lcut() 函数进行分词，分词结果存入列表 words 中。然后创建字典，将中文词汇及出现次数作为键值对存入字典中。为了实现排序，将字典转换成列表，对列表降序排列，排序依据是词汇出现的次数，最后按要求输出排名前 15 位的词语。

实验步骤：

1）添加并完善程序代码

新建文件，输入以下代码，请在……处使用一行或多行代码替换，不修改其他代码，实现题目功能。

```python
import jieba
txt = open('articleChn.txt', 'r', encoding='utf-8').read()
……

for word in words:
    ……

for i in range(15):
    ……
```

2）保存并运行程序

将文件保存为 PY60310.py，运行程序，验证程序的正确性并观察程序执行效果。

3）提示

本题的输出结果中可能出现标点符号或者长度为 1 的词汇，请思考如何将其删除。

6.3.4　医药案例题

1. 计算基因序列的复杂度

要求：在实验 PY50401.py——"自定义函数实现碱基链配对"中输入一个字符串表示一条碱基链，其中的字母 A、C、G 和 T 分别代表构成 DNA 的 4 种碱基，由于数据输入时的误操作，序列中可能混入其他字母。使用公式计算该序列的香农熵，并以此表示其复杂度。计算公式如式（6.1）所示。

$$\text{Entropy} = - \sum p_i \log p_i \qquad (6.1)$$

其中，p_i 表示某种碱基出现的频率；log 表示取以 2 为底的对数。计算频率时，字符总数不包括误操作输入的其他字母。本题要求输入碱基链字符串，得到基因序列的复杂度，之后在屏幕上输出，并且要求保留两位小数。程序运行效果如下。

请输入碱基链字符串:ATae34ATGGATGGTGTTT2CT8CTG

序列的复杂度:1.78

分析：输入一个碱基链字符串，遍历该字符串，判断每个字符是否为"ATGC"中的任意一个字符。如果是，累加器 num 加 1，并将该字符及其出现次数以键值对的形式保存在字典 d 中。采用 for 循环取出字典 d 中每个键值对的值，将该值除以总次数 num 得到 p_i，再利用式（6.1）计算 Entropy，按要求输出即可。

实验步骤：

1）添加并完善程序代码

新建文件，输入以下代码，填写正确代码以替换横线，不修改其他代码，实现题目功能。

```
_____
s = input("请输入一个字符串:")
d = {}
num = 0
for c in s:
    if _____
        num += 1
    _____
entropy = 0
for i in _____
    _____
    entropy += pi * log2(pi)
entropy = -entropy
print('{:.2f}'.format(entropy))
```

2）保存并运行程序

将文件保存为 PY60401.py，运行程序，验证程序的正确性并观察程序执行效果。

3）提示

本题中求对数使用的是 math 库中的 log2 函数。

2. 药品销售数据的清理

要求：文件 drugSale.csv 中存有某药店半年的药品销售数据,查看并清理其中的数据,具体要求为

① 查看数据概貌；

② 缺失值检测与处理：删除有缺失值的记录；

③ 异常数据检测与处理：删除小于 0 的数值对应的记录；

④ 去重；

⑤ 数据类型转换：销售时间转换为日期时间类型,销售数量、应收金额、实收金额转换为数字类型；

⑥ 将数据按日期排序；

⑦ 展示结果数据的前 5 条记录,要求一行展示一次交易的信息。

程序运行后,屏幕上显示如下信息。

前 5 行数据如下:

购药时间,社保卡号,商品编码,商品名称,销售数量,应收金额,实收金额

2018-01-01 星期五,1616528,236701,强力 VC 银翘片,6,82.8,69

2018-01-02 星期六,1616528,236701,清热解毒口服液,1,28,24.64

2018-01-06 星期三,12602828,236701,感康,2,16.8,15

2018-01-11 星期一,10070343428,236701,三九感冒灵,1,28,28

后 5 行数据如下:

,,,,,,

2018-04-27 星期三,10087865628,2367011,高特灵,2,11.2,9.86

2018-04-27 星期三,13406628,2367011,高特灵,1,5.6,5

2018-04-28 星期四,11926928,2367011,高特灵,2,11.2,10

数据总行数是：6580

没有空值的数据的总行数是：6576

删除缺失值后记录数为：6575

剔除异常值后记录数为：6559

去重后记录数为：6559

转换后记录数为：6536

清理后数据的前 5 条记录如下:

[datetime.date(2018, 1, 1), '1616528', '236701', '强力 VC 银翘片', 6, 82.8, 69]

[datetime.date(2018, 1, 1), '101470528', '236709', '心痛定', 4, 179.2, 159.2]

[datetime.date(2018, 1, 1), '10072612028', '2367011', '开博通', 1, 28, 25]

[datetime.date(2018, 1, 1), '10074599128', '2367011', '开博通', 5, 140, 125]

[datetime.date(2018, 1, 1), '11743428', '861405', '苯磺酸氨氯地平片(络活喜)', 1, 34.5, 31]

实验步骤:

1) 添加并完善程序代码

新建文件,输入以下代码,填写正确代码以替换横线,不修改其他代码,实现题目功能。

```
#一、读入数据,查看数据概貌
def printData(txt):
    ls = txt.split("____")                  #按行切分数据
    print("前 5 行数据如下:")
    for i in range(5):
        print(ls[i])
    print("后 5 行数据如下:")
    for i in range(-5, 0):
        print(ls[i])
    totalLineNum = _____         #统计数据总行数
    noNullLineNum = 0
    for each in ls:
        tmp = each.split(",")
        if _____:                  #统计没有空值的数据的总行数
            noNullLineNum += 1
    print("数据总行数是:", totalLineNum)
    print("没有空值的数据的总行数是:", noNullLineNum)
txt = open("drugSale.csv").read()
printData(txt)


#二、缺失值检测与处理
ls1 = txt.split("\n")                       #按行切分数据,从而得到每次交易信息字符串的列表
#将每次交易信息字符串切分为具体交易信息的列表,并去掉标题行
ls = [_____][1:]
delNullList = []
for each in ls:
    if _____:
        delNullList.append(each)
print("删除缺失值后记录数为:", len(delNullList))


#三、异常数据检测与处理:删除小于 0 的数值对应的记录
delNullOutliersList = []
for each in delNullList:
    if float(each[4]) >= 0 and float(each[5]) >= 0 and float(each[6]) >= 0:
        delNullOutliersList.append(each)
print("剔除异常值后记录数为:", len(delNullOutliersList))


#四、去重
cleanedLs = []
for each in delNullOutliersList:
```

```
        if each not in cleanedLs:          #去重
            _____
print("去重后记录数为:", len(cleanedLs))

#五、数据类型转换
'''
销售时间转换为日期时间类型,销售数量、应收金额、实收金额转换为数字类型
'''
from datetime import date
transLs = []
for each in cleanedLs:
    try:
        tmp = each[0][0:10].split("-")
        year = int(tmp[0])
        month = int(tmp[1])
        day = int(tmp[2])
        each[0] = date(year, month, day)
        each[4] = eval(each[4])
        each[5] = eval(each[5])
        each[6] = eval(each[6])
        transLs.append(each)
    except:                               #过滤掉无法转换类型的错误数据
        continue
print("转换后记录数为:", len(transLs))

#六、按日期排序
transLs.sort(_____)

#七、展示结果数据
'''
展示结果数据的前 5 条记录:要求一行展示一次交易的信息
'''
print("清理后数据的前 5 条记录如下:")
for i in range(5):
    print(_____)
```

2) 保存并运行程序

将文件保存为 PY60402.py,运行程序,验证程序的正确性并观察程序执行效果。

6.4 实验解析

6.4.1 基本概念题解析

1. 答案:A

解析：序列类型是一维元素向量，因此描述错误的是 A，故本题选择 A 选项。

2. 答案：A

解析：序列所有类型的索引号体系既支持正向递增索引号，也支持反向递减索引号。本题列表 s = [1,"Amoxicillin",True]共包含 3 个元素，正向递增索引号的编号从 0 开始，因此不存在 s[3]元素；in 和 not in 是成员运算符，如果 x 不是 s 的元素，则 x not in s 返回 True；如果 x 是 s 的元素，则 x in s 返回 True。如果 s = [1,"Amoxicillin",True]，反向递增索引号的编号从−1 开始，则 s[−1]返回 True；list()函数的功能是创建列表，如果括号中没有参数，则返回一个空列表，故本题选择 A 选项。

3. 答案：D

解析：列表的长度和内容都是可变的，可以包括所有类型的数据，同一个列表的元素类型也可以不同。列表可以同时使用正向递增索引号和反向递减索引号进行索引。可以对列表进行成员关系操作、长度计算和分片，可以使用比较操作符进行比较，故本题选择 D 选项。

4. 答案：B

解析：本题中，ls = [[20,30,70],[[30,50],250],[0,90]]，列表 ls 中索引号为 0 的元素是[20,30,70]，索引号为 1 的元素是[[30,50],250]，索引号为 2 的元素是[0,90]。len()返回列表元素个数 3，故本题选择 B 选项。

5. 答案：A

解析：列表的比较是从第一个元素开始顺序比较，如果相等，则继续比较，返回第一个不相等元素比较的结果。本题中，list1 = [300,10,2,0]，list2 = [100,21,133]，list1 和 list2 中的第一个元素进行比较，因为 300>100，因此 list1>list2，故本题选择 A 选项。

6. 答案：C

解析：切片操作 ls[start:end:step]中，step 是步长，默认是 1。本题中，ls=[10,20,30,40,50,60,70]，切片操作 ls[3:2]中 start 的值大于 end 的值，步长是 1，因此切片后结果为空列表。切片操作 ls[−5:−3]从索引号为−5 的元素开始，到索引号为−4 的元素结束，结果是[30,40]，故本题选择 C 选项。

7. 答案：D

解析：本题中，列表 ls = [[10,20,30],'Python',[[40,50,'ABC'],60],[70,80]]中包含了列表元素，因此是二维列表。在访问二维列表中的元素时，指定第一列表和第二列表的索引。本题中的表达式 print(ls[2][1])，第一列表索引为 2，是元素[[40,50,'ABC'],60]，第二列表索引为 1，是元素 60，故本题选择 D 选项。

8. 答案：C

解析：在 for-else 语句中，当循环在运行过程中没有因 break 或 return 等语句或出错结束时，才会运行 else 后的语句块。本题中，列表 ls 中的每个元素都是数值型，在分支结构中列表元素与字符串进行比较，结果均为 False，所以不会执行 break 语句，因此会执行 else 后的语句块，故本题选择 C 选项。

9. 答案：B

解析：本题中 3 次调用 add_run()，前两次调用没有给定实参，形参 L 取默认值 None，因此，函数体中 if 后的条件成立，执行 L=[]语句，L 被清空，再利用 append()方法添加"北京"元素,但是前两次调用 add_run()均没有输出。第三次调用给定了实参,将形参 L 赋值为['上海'],进入函数体后不再被清空,直接添加"北京"元素,列表 L 为['上海', '北京'],再将 L 利用 return 返回后打印输出,故本题选择 B 选项。

10. 答案:B

解析:本题中,调用函数 run()时,对列表 ls 执行 append()方法,此时的列表 ls 是全局变量,它的初始值为[50,100],添加形参 n 的值 150 后,ls 的值变为[50,100,150]。函数调用结束后,全局变量 ls 的值仍然为[50,100,150],故本题选择 B 选项。

11. 答案:C

解析:本题中,调用自定义函数 pri_val()时,实参 x 将 3 传给函数形参 x,函数内的列表 L 为全局变量,通过 append()方法向列表内添加元素 3,故 L=[3]。函数形参 x 被赋值为 5。函数调用结束后,执行 print()语句,该语句中的 x 是全局变量,值仍然为 3,列表 L 为[3],故本题选择 C 选项。

12. 答案:C

解析:本题中,函数 randint(0,2)生成一个随机数并且该随机数只能是 0、1 或者 2,因此将该数作为列表 ls 的索引号时,只能将 ls 的前 3 个元素取出,即 2、3 或 4,因此 s 的值只可能是 12、13 或 14,故本题选择 C 选项。

13. 答案:B

解析:本题中的 for 循环用来遍历一个列表,当 i 为列表中的元素 2 时,y 的值为 50,并打印输出。当 i 为列表中的元素 0 时,计算 y 时出现异常,此时执行 except 后的语句,输出为"error"。因此,输出结果有 2 行,故本题选择 B 选项。

14. 答案:A

解析:本题中,调用函数 modi()时,由于函数体内没有同名的列表 img2,因此 img2 是全局变量,而将 img2 赋值给 img1 时,相当于定义了一个同名的 img1 变量,所以函数体内的 img1 是局部变量,打印输出的结果为[1,2,3,4,5]。函数调用结束后,再次打印 img1,此时的 img1 是全局变量的值,因此为["ab","cd","ef","gh"],故本题选择 A 选项。

15. 答案:A

解析:本题涉及一些与列表相关的方法,ls.clear()的功能是删除 ls 中的所有元素;ls.reverse()的功能是将 ls 中的所有元素反转;ls.copy()的功能是生成一个新列表并复制 ls 中的所有元素;ls.append(x)的功能是在 ls 的最后增加一个元素 x,故本题选择 A 选项。

16. 答案:C

解析:ls.pop(i)返回 ls 中索引号为 i 的元素并删除该元素,本题中,ls = [1,2,3,4,5,6,7],print(ls.pop(1), len(ls))的输出结果是将索引号为 1 的元素 2 删除,并输出删除元素后的列表长度,故本题选择 C 选项。

17. 答案:D

解析:本题中,ls.index(x,0)返回列表中与"甘草"匹配的索引值,故本题选择 D 选项。

18. 答案:D

解析:本题中的语句 L2 = L1.copy(),表示复制 L1 中的所有元素并生成一个新列表 L2。L2 和 L1 是两个独立的列表,仅元素相同而已。当执行 L2.reverse()反转列表 L2 中的所有元素时,不会影响 L1,故本题选择 D 选项。

19. 答案：A

解析：本题利用双层 for 循环创建了一个列表 L1，外层循环中的 m 取"S"时，内层循环 n 分别取"X"和"Y"，且将 m 和 n 进行连接，生成"SX"和"SY"；同理，外层循环中的 m 取 "T"时，内层循环 n 分别取"X"和"Y"，且将 m 和 n 进行连接，生成"TX"和"TY"，故本题选择 A 选项。

20. 答案：D

解析：reverse()方法可以将元素进行反转，集合中的元素不可以重复，元组采用小括号方式表示，Python 中最常用的映射类型是字典，故本题选择 D 选项。

21. 答案：A

解析：本题中 x 是一个空字典，type(x)函数返回 x 的类型，故本题选择 A 选项。

22. 答案：B

解析：Python 使用大括号可以创建字典，字典的 items()函数返回所有的键值对信息，字典中的键必须是固定数据类型，而列表是可变数据类型的，因此不能用作键；Python 用 set()创建集合，一般使用 add()向集合中增加新元素，故本题选择 B 选项。

23. 答案：C

解析：字典的键和值用冒号(:)分隔，每个键值对之间用逗号(,)分隔。字典中的元素无序，不能通过整数索引查找其中的元素，但是可以通过键引用对应的值，故本题选择 C 选项。

24. 答案：B

解析：本题中，函数 len()返回字典中元素的个数，字典 d 中包含 3 个键值对，故本题选择 B 选项。

25. 答案：A

解析：字典的键必须是固定数据类型，列表是可变数据类型，因此不能用作键，故本题选择 A 选项。

26. 答案：A

解析：可以采用语句<字典变量>[<键>]返回该键对应的值。本题中，键"玉叶金花"对应的值是 5，故本题选择 A 选项。

27. 答案：D

解析：字典包含键值对，可以通过嵌套表示高维数据，故本题选择 D 选项。

28. 答案：A

解析：本题中首先利用 max(ds.keys())返回字典 ds 中最大的键"math"，再利用 ds.pop((max(ds.keys()),0)返回键"math"对应的值 6，并打印输出，故本题选择 A 选项。

29. 答案：B

解析：本题中，zip()函数的参数是 x 和 y，功能是将 x 和 y 对应的元素打包成一个个元组，并生成由这些元组组成的列表，因此 list(zip(x,y))的返回值是 [(1, 'a'), (2, 'b'), (3, 'c')]。利用 for 循环向字典中添加键值对，键分别为 0、1 和 2，其对应的值每次均为 list(zip(x,y))的返回值 [(1, 'a'), (2, 'b'), (3, 'c')]，故本题选择 B 选项。

30. 答案：B

解析：本题利用 for 循环结构向字典 z 中添加键值对，键分别是 0、1 和 2，当 i 为 0 时，

[x[i]，y[i]]的值是 ['Python'，100]；当 i 为 1 时，[x[i]，y[i]]的值是 ['Java'，200]，当 i 为 2 时，[x[i]，y[i]]的值是 ['C'，300]，故本题选择 B 选项。

6.4.2 医药案例题参考答案

1. 参考代码

```python
from math import log2
s = input("请输入碱基链字符串:")
d = {}
num = 0
for c in s:
    if c in "ACGT":
        num += 1
        d[c] = d.get(c, 0)+1
entropy = 0
for i in d.values():
    pi = i/num
    entropy += pi * log2(pi)
entropy = -entropy
print('{:.2f}'.format(entropy))
```

2. 参考代码

```python
#一、读入数据,查看数据概貌
def printData(txt):
    ls = txt.split("\n")
    print("前 5 行数据如下:")
    for i in range(5):
        print(ls[i])
    print("后 5 行数据如下:")
    for i in range(-5, 0):
        print(ls[i])
    totalLineNum = txt.count("\n")+1
    noNullLineNum = 0
    for each in ls:
        tmp = each.split(",")
        if all(tmp):
            noNullLineNum += 1
    print("数据总行数是:", totalLineNum)
    print("没有空值的数据的总行数是:", noNullLineNum)

txt = open("drugSale.csv").read()
printData(txt)
```

```
#二、缺失值检测与处理
ls1 = txt.split("\n")                    #按行切分数据,从而得到每次交易信息字符串的列表
ls = [item.split(",") for item in ls1][1:]
#将每次交易信息字符串切分为具体交易信息的列表,并去掉标题行
delNullList = []
for each in ls:
    if all(each):
        delNullList.append(each)
print("删除缺失值后记录数为:", len(delNullList))


#三、异常数据检测与处理:删除小于 0 的数值对应的记录
delNullOutliersList = []
for each in delNullList:
    if float(each[4]) >= 0 and float(each[5]) >= 0 and float(each[6]) >= 0:
        delNullOutliersList.append(each)
print("剔除异常值后记录数为:", len(delNullOutliersList))


#四、去重
cleanedLs = []
for each in delNullOutliersList:
    if each not in cleanedLs:        #去重
        cleanedLs.append(each)
print("去重后记录数为:", len(cleanedLs))


#五、数据类型转换
#销售时间转换为日期时间类型,销售数量、应收金额、实收金额转换为数字类型
from datetime import date
transLs = []
for each in cleanedLs:
    try:
        tmp = each[0][0:10].split("-")
        year = int(tmp[0])
        month = int(tmp[1])
        day = int(tmp[2])
        each[0] = date(year, month, day)
        each[4] = eval(each[4])
        each[5] = eval(each[5])
        each[6] = eval(each[6])
        transLs.append(each)
    except:                          #过滤掉无法转换类型的错误数据
        continue
print("转换后记录数为:", len(transLs))


#六、按日期排序
```

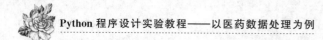

```
transLs.sort(key=lambda x: x[0])

#七、展示结果数据
#展示结果数据的前 5 条记录:要求一行展示一次交易的信息
print("清理后数据的前 5 条记录如下:")
for i in range(5):
    print(transLs[i])
```

实验7 文　　件

本实验主要学习文件的打开、读写和关闭等基本操作，一、二维数据的存储格式和读写方法，高维数据的存储格式和读写方法，以及保存清理后的药品销售数据、将药品销售统计数据写入 JSON 文件并读出解析这两个医药数据处理案例的实现。

7.1　实　验　目　的

- 掌握文件的打开、关闭以及读写操作的基本方法，包括 open()、close()、read()、readline()、readlines()、write()、writelines()、seek()等。
- 理解数据组织的维度及其特点。
- 掌握一、二维数据的存储格式和读写方法。
- 了解高维数据的存储格式和读写方法。
- 掌握保存清理后的药品销售数据案例的设计与实现。

7.2　知识点解析

7.2.1　文件概述

文件是一个存储在辅助存储器上的数据序列，可以包含任何数据内容。采用文件组织信息是长久保存信息并允许重复使用和反复修改的重要方式，同时也是信息交换的重要基础。在实际应用中，由于数据的内容繁杂，用文件形式组织和表达数据更有效，也更灵活。记事本文件、日志文件、各种配置文件、数据库文件、图像文件、音频和视频文件、可执行文件、Office 文件、动态链接库文件等，都以不同的文件形式存储在各种存储设备上。按数据的组织形式，一般把文件分为文本文件和二进制文件两大类。

1. 文本文件

文本文件一般由单一特定编码的字符组成，内容容易统一展示和阅读，可以看作字符串，一般由若干文本行组成，通常每行以换行符"\n"结尾。这里所说的字符串是指记事本之类的文本编辑器能正常显示、编辑，并且人类能够直接阅读和理解的字符串，如英文字母、汉字、数字字符串等。英文字母、数字等字符存储采用的是 ASCII 编码，汉字存储采用的是机内码。文本文件中除存储文件有效字符信息外，不能存储其他任何信息。大部分文本文件都可以通过文本编辑软件或文字处理软件创建、修改和阅读。文本文件主要用于记载和存储文字信息。在 Windows 平台中，常见的文本文件的扩展名有 TXT、LOG、INI、DOC、DOCX 和 WPS 等。

2. 二进制文件

二进制文件由 0 和 1 组成，没有统一字符编码，文件内部数据的组织格式与文件用途有关。二进制是信息按照非字符但特定格式形成的文件,常见的图形图像文件、音视频文件、可执行文件、资源文件、各种数据库文件、各类 Office 文件等都属于二进制文件。二进制文件无法用记事本或其他普通字处理软件直接进行编辑,通常也无法直接阅读和理解,需要使用正确的软件进行解码或反序列化之后才能正确地读取、显示、修改或执行。

文本文件和二进制文件最主要的区别在于是否有统一的字符编码,二进制文件由于没有统一的字符编码,因此只能当作字节流,不能看作字符串。

7.2.2　文件操作

Python 对文本文件和二进制文件采用统一的操作步骤,即"打开—操作—关闭"。两种文件都可以用"文本文件方式"和"二进制文件方式"打开,打开后对应的操作不同。Python 通过内置函数 open()打开一个文件,获得文件句柄,将其与一个程序变量进行关联,操作格式如下。

<变量名> = open(<文件名>,<打开模式>)

其中,文件名可以是文件的实际名字,也可以是包含完整路径的名字;打开模式用于控制使用何种方式打开文件。open()函数提供了 7 种基本的打开模式,分别是"r""w""x""a""b""t""+",这 7 种模式可以按一定的规则组合使用。

文件结束后应使用 close()方法关闭,释放该文件句柄,停止使用授权,格式如下。

<变量名>.close()

当文件被打开后,根据打开方式的不同,可以对文件进行相应的读写操作。当文件以文本文件方式打开时,读写按照字符串方式;当文件以二进制文件方式打开时,读写按照字节流方式。

1. 文件的读操作

Python 提供了 3 个常用的文件内容读取方法:read()、readline()、readlines(),格式如下。

<变量名>.read([size])

功能:读出文件中 size 长度的字符串或字节流作为结果返回,若 size 不赋值,则取默认值−1,表示读出文件中的所有内容。

<变量名>.readline([size])

功能:读出文件中当前行前 size 长度的字符串或字节流作为结果返回,若 size 不赋值,则取默认值−1,表示读出文件中当前一整行内容。

<变量名>.readlines([hint])

功能:读出文件中 hint 行内容,并以每行文本为元素形成一个列表,返回该列表,若 hint 不赋值,则取默认值−1,表示读出文件中所有行构成的列表。

2. 文件的写操作

Python 提供了两个与文件内容写入有关的方法:write()、writelines(),格式如下。

<变量名>.write(s)

功能：把字符串或字节流 s 的内容写入文件。

<变量名>.writelines(s)

功能：把字符串或元素为字符串的列表 s 写入文件，不添加换行符。

3. 文件指针定位

特别需要说明的是：文件读写操作相关的方法都会自动改变文件指针的位置，Python 提供了 seek()方法，用于将文件指针移动到新的位置，格式如下。

<变量名>.seek(offset [, whence])

功能：把文件指针移到新位置，offset 表示相对于 whence 的位置，whence 为 0 表示从文件头开始计算，whence 为 1 表示从当前位置开始计算，whence 为 2 表示从文件尾开始计算，whence 的默认值为 0。

7.2.3　一、二维数据的文件操作

计算机在处理一组数据之前需要对这些数据进行一定的组织，用于表示数据之间的基本关系和逻辑，进而形成"数据的维度"。根据数据关系的不同，数据组织可以分为一维数据、二维数据和高维数据。一、二维数据常采用 CSV 格式进行存储。

1. 一维数据

一维数据由对等关系的有序或无序数据构成，采用线性方式组织，对应数学中的列表、集合，Excel 表格中的一行数据、一条记录等概念。任何可以以序列或集合表示的内容都可以看作一维数据。一维数据具有线性特点。Python 程序中，对应一维数据的数据结构一般是元组、列表和集合。

一维数据有多种存储格式，常被写入 TXT、CSV 和 TSV 类型的文件中，写入文件前，一般先根据文件格式要求，格式化为特定字符分隔的字符串。

常用的分隔字符如下。

① 一个或多个空格；

② 逗号；

③ 特殊情况下，用其他符号或符号组合分隔，建议采用未出现在数据中的特殊符号。

逗号分隔数值的存储格式称为 CSV(Comma-Separated Values，逗号分隔值)格式，是一种通用的、相对简单的文件格式，尤其适用于在程序之间转移表格数据。

2. 二维数据

二维数据又称为表格数据，由关联关系数据构成，采用表格方式组织，对应数学中的矩阵，常见的表格都属于二维数据。Python 程序中，对应二维数据的数据结构可能是元素为组合数据类型的元组、列表、集合等，也可能是字典。

二维数据往往也存储于 CSV、TSV、TXT 类型的文件中，有时也存入 JSON 文件，写入文件前，需要将数据类型转换为字符串类型，并连接成特定字符分隔的字符串。

二维数据对应的 CSV 文件中，数据严格按以下规则存储：

① 纯文本格式，通过单一编码表示字符；

② 对于二维数据,可以包含或不包含列名,包含时列名放置在文件第一行;

③ 每行表示一个一维数据,多行表示二维数据;

④ 以行为单位,开头不留空行,行之间没有空行;

⑤ 以逗号(英文,半角)分隔每列数据,即使列数据为空,也要保留逗号。

7.2.4 高维数据的文件操作

1. 高维数据

高维数据由键值对类型的数据构成,采用对象方式组织,一般对应现实中的复杂对象,内容按照层级用逗号和大括号组织起来。Python 程序中,高维数据的数据结构一般是字典,有时也用元素是组合数据类型的列表。

高维数据常存入 HTML、JSON、XML 等类型的文件,写入文件前的数据格式化,以及从文件中读出数据后的解析,一般通过调用相应的库函数实现。

2. 高维数据文件操作

JSON(JavaScript Object Notation)格式可以对高维数据进行表达和存储,它是一种轻量级的数据交换格式。不同的数据结构,对应的 JSON 格式不同。高维数据的 JSON 格式化、解析,以及文件操作,都通过 json 库的函数实现。json 库是处理 JSON 格式数据的 Python 标准库。

json 库提供了 4 个操作函数:dumps()、loads()、dump()和 load(),格式如下。

json.dumps(obj, sort_keys=False, indent=None)

功能:将 Python 的数据类型转换为 JSON 格式,属于编码过程,obj 可以是列表或字典类型,sort_keys 可以对字典元素按照 key 排序,控制输出结果,indent 用于增加数据缩进,使生成的 JSON 格式字符串更具有可读性。

json.loads(string)

功能:将 JSON 格式字符串转换为 Python 的数据类型,属于解码过程。

json.dump(obj, fp, sort_keys=False, indent=None)

功能:与 dumps()功能一致,输出到文件 fp。

json.load(fp)

功能:与 loads()功能一致,从文件 fp 读入。

7.3 实 验 内 容

7.3.1 基本概念题

1. 在读写文件之前,需要创建文件对象,采用的方法是(   )。

    A. create()   B. folder()   C. open()   D. file()

2. 下列不是 Python 对文件的读操作的方法是(   )。

    A. read()   B. readline()   C. readlines()   D. readall()

3. 关于 Python 文件的"+"打开模式,以下选项描述正确的是(　　　)。

　　A. 只读模式

　　B. 与"r/w/a/x"一同使用,在原功能基础上增加同时读写功能

　　C. 追加写模式

　　D. 覆盖写模式

4. 以下选项不是 Python 文件二进制打开模式的合法组合是(　　　)。

　　A. "b"　　　　　　　　　　　　　　　B. "bx"

　　C. "xr+"　　　　　　　　　　　　　　D. "bw+"

5. 关于 Python 对文件的处理,以下选项描述错误的是(　　　)。

　　A. Python 通过解释器内置的 open()函数打开一个文件

　　B. 当文件以文本方式打开时,读写按照字节流方式

　　C. 文件使用结束后要用 close()方法关闭,释放文件的使用授权

　　D. 无论是文本文件还是二进制文件,都可以用"文本文件方式"和"二进制文件方式"
　　　　打开,但打开后的操作不同

6. 关于文件,下列说法错误的是(　　　)。

　　A. 对已经关闭的文件进行读写操作会默认再次打开文件

　　B. Python 对文本文件和二进制文件采用统一的操作步骤,即"打开—操作—关闭"

　　C. 对于非空文本文件,read()返回字符串,readlines()返回列表

　　D. f = open(filename, "rb")表示以只读、二进制方式打开名为 filename 的文件

7. 有一非空文本文件 textfile.txt,执行下述代码,程序的输出结果是(　　　)。

```
file = open("textfile.txt","r")
for line in file.readlines():
    line += " [prefix] "
file.close()
for line in file.readlines():
    print(line)
```

　　A. 逐行输出文件内容

　　B. 逐行输出文件内容,但每行以[prefix]开头

　　C. 报错

　　D. 文件被清空,所以没有输出

8. 文件 fn.txt 在当前程序所在目录内,其内容是一段文本:book,下面代码的输出结果
是(　　　)。

```
txt = open("fn.txt","r")
print(txt)
txt.close()
```

　　A. fn.txt　　　　　　　　　　　　　　B. txt

　　C. book　　　　　　　　　　　　　　D. 以上答案都不对

9. 假设 drug.csv 文件的内容如下。

```
drug.csv - 记事本        —    □    ×
文件(F) 编辑(E) 格式(O) 查看(V) 帮助(H)
安内真，开博通
倍他乐克，阿莫西林

100  Windows (CRLF)    UTF-8
```

下列代码的运行结果是(   )。

```
f = open("drug.csv","r")
ls = f.read().split(",")
f.close()
print(ls)
```

    A. ["安内真,开博通\n 倍他乐克,阿莫西林"]

    B. ["安内真,开博通,倍他乐克,阿莫西林"]

    C. ["安内真","开博通", "倍他乐克","阿莫西林"]

    D. ["安内真","开博通\n 倍他乐克","阿莫西林"]

10. 下列代码的运行结果是(   )。

```
fname = input("请输入要写入的文件:")
fo = open(fname, "w+")
ls = ["盘尼西林", "青霉素", "阿莫西林"]
fo.writelines(ls)
fo.seek(0)
for line in fo:
    print(line)
fo.close()
```

    A. 盘尼西林   B. "盘尼西林"

       青霉素   "青霉素"

    C. 盘尼西林青霉素阿莫西林   D. "盘尼西林青霉素阿莫西林"

11. 关于数据组织的维度,以下选项描述错误的是(   )。

    A. 数据组织存在维度,字典类型用于表示一维数据和二维数据

    B. 一维数据采用线性方式组织,对应数学中的列表和集合等概念

    C. 二维数据采用表格方式组织,对应数学中的矩阵

    D. 高维数据由键值对类型的数据构成,采用对象方式组织

12. 表格类型数据的组织维度是(   )。

    A. 一维数据   B. 二维数据   C. 多维数据   D. 高维数据

13. 关于一维数据存储格式问题,以下选项描述错误的是(   )。

    A. 一维数据可以采用直接相连形成字符串方式存储

    B. 一维数据可以采用分号分隔方式存储

C. 一维数据可以采用特殊符号"@"分隔方式存储

D. 一维数据可以采用 CSV 格式存储

14. 以下选项中，对 CSV 格式描述正确的是（　　　）。

A. CSV 文件以英文逗号分隔元素

B. CSV 文件以英文空格分隔元素

C. CSV 文件以英文分号分隔元素

D. CSV 文件以英文特殊符号分隔元素

15. 关于二维数据 CSV 存储问题，以下选项描述错误的是（　　　）。

A. CSV 文件的每行表示一个具体的一维数据

B. CSV 文件的每行采用逗号分隔多个元素

C. CSV 文件不能包含二维数据的表头信息

D. CSV 文件不是存储二维数据的唯一方式

16. 以下文件操作方法，打开后能读取 CSV 格式文件的选项是（　　　）。

A. fo = open("123.csv","r")　　　　　　B. fo = open("123.csv","w")

C. fo = open("123.csv","x")　　　　　　D. fo = open("123.csv","a")

17. 关于 CSV 文件处理，下列描述错误的是（　　　）。

A. 因为 CSV 文件以半角逗号分隔每列数据，所以即使列数据为空，也要保留逗号

B. 对于包含英文半角逗号的数据，以 CSV 文件保存时需进行转码处理

C. 因为 CSV 文件可以由 Excel 打开，所以是二进制文件

D. 通常，CSV 文件每行表示一个一维数据，多行表示二维数据

18. 下列文件格式通常不用作高维数据存储的是（　　　）。

A. HTML　　　　　B. XML　　　　　C. JSON　　　　　D. CSV

19. 以下选项对应的方法可以用于从 CSV 文件中解析一、二维数据的是（　　　）。

A. split()　　　　　B. join()　　　　　C. format()　　　　　D. exists()

20. 以下选项对应的方法可以用于向 CSV 文件写入一、二维数据的是（　　　）。

A. split()　　　　　B. join()　　　　　C. format()　　　　　D. exists()

21. 以下关于 Python 处理二进制文件的描述中，错误的是（　　　）。

A. Python 不可以处理 PDF 文件　　　　B. Python 能处理 Excel 文件

C. Python 能处理音频文件　　　　　　D. Python 能处理图形图像文件

22. 以下关于 Python 文件打开模式的描述，错误的是（　　　）。

A. 只读模式"r"　　　　　　　　　　　B. 覆盖写模式"w"

C. 追加写模式"a"　　　　　　　　　　D. 创建写模式"n"

23. 以下关于 CSV 文件的描述，正确的是（　　　）。

A. CSV 文件只能采用 Unicode 编码表示字符

B. CSV 文件的每行是一维数据，可以使用 Python 的集合类型表示

C. CSV 格式是一种通用的文件格式，主要用于不同程序之间的数据交换

D. CSV 文件是一个一维数据

24. 列表 ls = [1,2,3, "4","5","6"] 的数据组织维度是（　　　）。

A. 一维数据　　　　B. 二维数据　　　　C. 多维数据　　　　D. 高维数据

25. 在 Python 语言中,使用 open()函数打开一个 Windows 操作系统 D 盘下的文本文件 funa.txt,路径名错误的是(　　)。
　　A. D:\py\funa.txt　　　　　　　　　　B. D:\\py\\funa.txt
　　C. D:/py/funa.txt　　　　　　　　　　D. D://py//funa.txt

26. 关于数据组织的维度,描述正确的是(　　)。
　　A. 二维数据由对等关系的有序或无序数据构成
　　B. 高维数据由关联关系数据构成
　　C. CSV 是一维数据
　　D. 一维数据采用线性方式存储

27. Python 中文件的打开方式为"t",对应的文件打开模式是(　　)。
　　A. 只读方式　　　　　　　　　　　　B. 只写方式
　　C. 文本文件模式　　　　　　　　　　D. 二进制文件模式

28. 以下关于文件的打开和关闭的描述,正确的是(　　)。
　　A. 二进制文件不能使用记事本程序打开
　　B. 二进制文件也可以使用记事本或其他文本编辑器打开,但是一般无法正常查看其中的内容
　　C. 使用内置函数 open()且以"w"模式打开文件,若文件存在,则会引发异常
　　D. 使用内置函数 open()打开文件时,只要文件路径正确,就可以正确打开

29. 下面关于 Python 库导入的说法,错误的是(　　)。
　　A. Python 可以导入一个库中的特定函数
　　B. 通过用逗号分隔函数名,可以根据需要从库中导入任意数量的函数
　　C. 使用"♯"运算符可以导入库中的所有函数
　　D. Python 可以给库指定别名,通过给库指定简短的别名,可以更轻松地调用库中的函数

30. 关于二维数据的描述,错误的是(　　)。
　　A. 二维列表对象输出为 CSV 格式文件采用遍历循环和字符串的 split()相结合的方法
　　B. 二维数据由关联关系的数据构成
　　C. 二维数据是一维数据的组合形式,由多个一维数据组合形成
　　D. 二维数据可以使用二维列表表示,即列表中的每个元素对应二维数据的每行

7.3.2　简单操作题

1. 文本文件内容提纯

要求:作业源码 PY70201 文件夹下提供了 2 个 Python 文件和 3 个文本文件,分别对应两个问题,请按照要求补齐代码以替换横线,不修改其他代码,实现以下功能。

《诗经》是中国古代的一部诗歌总集,收集了西周初年至春秋中叶的 311 篇诗歌,反映了周初至周晚期约 500 年间的社会面貌。文件夹提供了一个网络版本的《诗经》节选,文件名称为"诗经.txt",其内容采用"原文""注释""题解"相结合的形式组织,通过"【原文】"标记《诗经》原文内容,通过"【注释】"标记《诗经》注释内容,通过"【题解】"标记《诗经》诗文题旨的

阐释。具体文件格式框架请参考文件"诗经.txt",文件内容如图 7.1 所示。

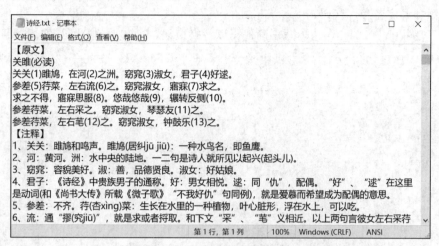

图 7.1 实验 70201 文本文件内容提纯——诗经.txt

(1) 在 PY70201_1.py 文件中填写代码,提取文件"诗经.txt"中的所有诗歌名,输出并保存为文件"诗经-目录.txt"。具体要求:保留文件"诗经.txt"中所有【原文】标签下面的诗歌名,并标出序号,诗歌名后的小括号及内部文字(如"必读"文字信息)请保留。示例输出文件格式请参考"诗经-目录-输出示例.txt"文件,如图 7.2 所示。

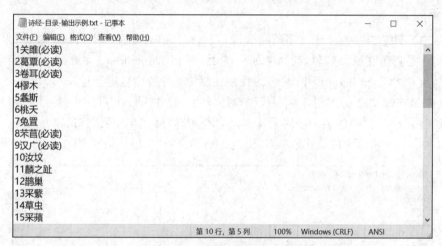

图 7.2 实验 70201 文本文件内容提纯——诗经-目录-输出示例.txt

分析:由于题目要求提取文件"诗经.txt"中的所有诗歌名,将提取内容输出并保存为文件"诗经-目录.txt",因此首先需分别使用读模式和覆盖写模式打开这两个文本文件;然后使用 for 循环遍历文件"诗经.txt"中的内容,查找待提取的诗歌名,可创建逻辑变量 flag,初值设为 False,在遍历过程中如果发现某行有效文字内容是"【原文】",则将 flag 值设置为 True,根据 flag 的状态,决定是否将后续行写入文件"诗经-目录.txt",如有写入操作,写入后需再将逻辑变量 flag 值恢复为 False;遍历结束后,使用 close()方法关闭两个文件。

实验步骤:

1) 添加并完善程序代码

打开文件 PY70201_1.py,填写正确代码以替换横线,不修改其他代码,实现题目功能。

```
fi = open("诗经.txt", _____)
fo = open("诗经-目录.txt", _____)
flag = False

_____

for line in fi:
    if _____
        flag = True

        _____

    if flag and line.strip():
        i += 1
        fo.write(str(i) + line.strip() + "\n")

        _____
fi.close()
_____
```

2) 保存并运行程序

保存文件,运行程序,验证程序的正确性并观察程序执行效果。

3) 提示

本题中,遍历文件时,由于文字所在的行首、行尾均有可能存在空格等字符,所以判断某行有效文字是否为"【原文】"时,请思考如何使用字符串的 strip() 方法删除多余字符;在写入文件"诗经-目录.txt"的过程中,可考虑使用变量 i 对诗歌序号进行标识。

(2) 在 PY70201_2.py 文件中填写代码,对文件"诗经-目录.txt"进一步提纯,去掉每行文字中的所有小括号(文件中的小括号均采用英文字符)及内部文字"必读",保存为"诗经-目录提纯.txt"文件。示例输出文件格式请参考"诗经-目录提纯-输出示例.txt"文件,如图 7.3 所示。

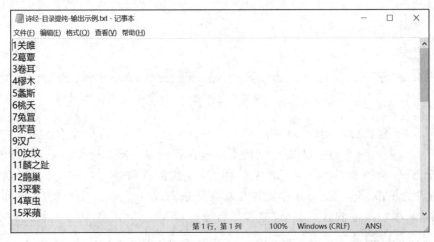

图 7.3 实验 70201 文本文件内容提纯——诗经-目录提纯-输出示例.txt

分析：由于题目要求对文件"诗经-目录.txt"进一步提纯，去掉每行文字中所有的小括号及内部文字，保存为文件"诗经-目录提纯.txt"，因此首先需分别使用读模式和覆盖写模式打开这两个文本文件；然后使用 for 循环遍历文件"诗经-目录.txt"中的每行文本内容，可使用字符串的 replace() 方法删除小括号及内部文字"必读"，把处理后的文本字符串写入文件"诗经-目录提纯.txt"；遍历结束后，使用 close() 方法关闭两个文件。

实验步骤：

1) 添加并完善程序代码

打开文件 PY70201_2.py，填写正确代码以替换横线，不修改其他代码，实现题目功能。

```
fi = open("诗经-目录.txt", _____)
fo = open("诗经-目录提纯.txt", _____)
for line in fi:
    line = line.replace(_____)
    _____
_____
fo.close()
```

2) 保存并运行程序

保存文件，运行程序，验证程序的正确性并观察程序执行效果。

3) 提示

本题中，删除诗歌名后小括号及小括号内的文字时，需观察并总结文件"诗经-目录-输出示例.txt"中诗歌名后小括号内文字的特点，随后正确设置 replace() 方法的参数，以达到题目要求的提纯效果。

2. 文本文件内容统计

要求：作业源码 PY70202 文件夹下提供了 2 个 Python 文件和 1 个文本文件，分别对应两个问题，请按照要求补齐代码以替换横线，不修改其他代码，实现以下功能。

文本文件"sensor.txt"中保存的是实验小白鼠随身佩戴的位置传感器采集数据，其内容如图 7.4 所示。

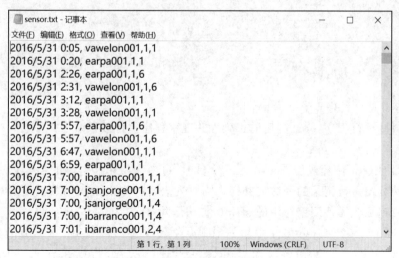

图 7.4　实验 70202 文本文件内容统计——sensor.txt

其中,第一列是传感器获取数据的时间,第二列是传感器的编号,第三列是传感器所在的实验箱号,第四列是传感器所在的位置区域编号。

(1) 在 PY70202_1.py 文件中填写代码,读入文件"sensor.txt"中的数据,提取出传感器编号为"earpa001"的所有数据,将结果输出并保存到文件"earpa001.txt"中。输出文件格式要求:原数据文件中的每行记录写入新文件中,行尾无空格,无空行。程序运行结束后,用记事本打开文件"earpa001.txt",显示内容如下。

```
2016/5/31 0:20, earpa001,1,1
2016/5/31 2:26, earpa001,1,6
2016/5/31 3:12, earpa001,1,1
2016/5/31 5:57, earpa001,1,6
2016/5/31 6:59, earpa001,1,1
```

分析:题目要求读入文件"sensor.txt"中的数据,提取出传感器编号为"earpa001"的所有数据,将结果输出并保存到文件"earpa001.txt"中,因此,首先需分别使用读模式和覆盖写模式打开这两个文本文件;文件"sensor.txt"中的每行数据有 4 列,第 2 列是传感器的编号,如需提取传感器编号为"earpa001"的所有数据,可使用 for 循环遍历文件"sensor.txt"的每行,将每次遍历的行记录的列数据作为列表元素存入临时列表中,然后判断此列表中的第二项元素,即索引号为 1 的元素,如果是"earpa001",则将此列表内容写入新文件中;遍历结束后,使用 close()方法关闭两个文件。

实验步骤:

1)添加并完善程序代码

打开文件 PY70202_1.py,填写正确代码以替换横线,不修改其他代码,实现题目功能。

```
fi = open("sensor.txt","r")
fo = _____
for line in _____:
    ls = line.strip("\n"). _____
    if _____:
        print(ls[0],ls[1],ls[2],ls[3])
        fo.write('{},{},{},{}\n'.format(_____))
fi.close()
fo.close()
```

2)保存并运行程序

保存文件,运行程序,验证程序的正确性并观察程序执行效果。

3)提示

本题中使用 for 循环遍历"sensor.txt"文件时,可考虑使用字符串的 split()方法用分隔符逗号","切分出每行记录的列数据并存入临时列表,同时,由于每列数据前后均有可能存在空格等字符,因此需使用字符串的 strip()方法删除多余字符。

(2) 在 PY70202_2.py 文件中填写代码,读入文件"earpa001.txt"中的数据,统计"earpa001"对应的小白鼠在各实验箱和区域出现的次数,将结果输出并保存到文件

"earpa001_count.txt"中。输出文件格式要求：每条记录一行，位置信息和出现的次数之间用英文半角逗号隔开，行尾无空格，无空行。程序运行结束后，用记事本打开文件"earpa001_count.txt"，显示内容如下。

```
1-1,3
1-6,2
```

分析：题目要求读入文件"earpa001.txt"中的数据，统计 earpa001 对应的小白鼠在各实验箱和区域出现的次数，将结果输出并保存到文件"earpa001_count.txt"中，因此首先需分别使用读模式和覆盖写模式打开这两个文本文件；可考虑借助字典结构完成次数统计和结果存储，字典的键为实验箱号和区域号的组合，字典的值为该组合出现的次数，构成＜实验箱-区域＞：＜出现次数＞的键值对。统计过程为：使用 for 循环遍历文件"earpa001.txt"，借助字典的 get() 方法对每次出现的实验箱号和区域号在已有字典项目中查找，若未出现过，则建立新的字典键值对；若已经出现过，则对应键的值加 1；然后将字典转换为有顺序的列表类型，使用 sort() 方法和 lambda() 函数对其按次数降序排列，并将统计结果按题目要求写入文件"earpa001_count.txt"；写入结束后，使用 close() 方法关闭两个文件。

实验步骤：

1）添加并完善程序代码

打开文件 PY70202_2.py，填写正确代码以替换横线，不修改其他代码，实现题目功能。

```
fi = open(_____)
fo = open("earpa001_count.txt","w")
d = {}
for line in fi:
    ls1 = line.strip("\n").split(",")
    t = _____
    d[t] = _____
ls = list(d.items())
ls.sort(key = lambda x:x[1], reverse = True)        #该语句用于排序
for i in _____:
    fo.write('{},{}\n'.format(_____))
fi.close()
fo.close()
```

2）保存并运行程序

保存文件，运行程序，验证程序的正确性并观察程序执行效果。

3）提示

通过观察运行结果得知，本题中将统计结果格式化输出时，实验箱号和区域号之间用减号连接，因此字典 d 的键需按该要求进行相应设置。

3. 删除列表元素

要求：作业源码 PY70203 文件夹下提供了文件"PY70203.py"，请按照要求填写正确代码以替换横线，不修改其他代码，实现以下功能：将列表[51,33,43,78,89,23,54,112,80,

4,5,9,63]中的素数删除,输出删除素数后列表的元素个数,并将结果保存在文本文件"PY70203.txt"中。程序运行结束后,用记事本打开文件"PY70203.txt",显示内容如下。

```
>>>[51, 33, 78, 54, 112, 80, 4, 9, 63],列表长度为 9
```

分析:本例首先需完善函数 prime(),该函数用于判断一个数是否为素数;然后通过 for 循环遍历列表 ls 中的元素,通过调用 prime()函数判断该元素是否为素数,将不是素数的元素使用 append()方法添加到一个新列表 ls_new 中;最后将新列表 ls_new 中的元素和元素个数写入文件"PY70203.txt"中。

实验步骤:

1) 添加并完善程序代码

打开文件 PY70203.py,填写正确代码以替换横线,在……处使用一行或多行代码替换,不修改其他代码,实现题目功能。

```
fo = open("PY70203.txt","w")
def prime(num):
    ......

ls = [51,33,43,78,89,23,54,112,80,4,5,9,63]
ls_new = []
for i in ls:
    if prime(i) == False:

        _____
fo.write(">>>{},列表长度为{}".format(_____,_____))
fo.close()
```

2) 保存并运行程序

保存文件,运行程序,验证程序的正确性并观察程序执行效果。

3) 提示

本题通过建立一个新的列表用于存储删除素数后的其余列表元素。请思考,如果在原来列表中直接删除素数,应该如何处理?

4. 统计引号内字符比例

要求:作业源码 PY70204 文件夹下提供了 1 个 Python 文件和 1 个文本文件,请按照要求填写正确代码以替换横线,不修改其他代码,实现以下功能:编写程序,统计文本文件"人工智能在药物发现中的应用与挑战.txt"中出现在小括号内的所有字符占文本总字符的比例(该文本文件中的标点符号均采用中文字符),将统计结果写入文件"PY70204.txt"中,程序运行结束后,用记事本打开文件"PY70204.txt",显示内容如下。

```
【占总字符比例:】8%
```

分析:本题首先读取文本文件"人工智能在药物发现中的应用与挑战.txt"中的文本内容;然后创建逻辑变量 flag,使用 for 循环遍历文本字符串,根据遍历到的字符是前、后括号设置 flag 的值,若遇到"(",则 flag 设置为 True,表示计数开始,若遇到")",则 flag 设置为

False,表示计数暂停,逐一判断所有字符,如果当前 flag 为 True,则统计值 cnt 加 1,如果当前 flag 为 False,则统计值不变;最后将统计的百分比结果保存至文件"PY70204.txt"。

实验步骤:

1)添加并完善程序代码

打开文件 PY70204.py,填写正确代码以替换横线,不修改其他代码,实现题目功能。

```
fi = open("人工智能在药物发现中的应用与挑战.txt","r",encoding="utf-8")
_____
txt = fi.read()
cnt = 0
_____
for i in txt:
    if i == "(":
        flag = True
    _____
    if i == ")":
        flag = False
    if flag:
    _____
fo.write("【占总字符比例:】{:.0%}".format(_____/_____))
fi.close()
fo.close()
```

2)保存并运行程序

保存文件,运行程序,验证程序的正确性并观察程序执行效果。

3)提示

本题在遍历文件"人工智能在药物发现中的应用与挑战.txt"中的文本内容字符串时,遇前括号时设置 flag 为 True,随后开始统计,但需注意不能把前括号计入统计值。

7.3.3　综合应用题

1. 将药学生核心素养的统计结果保存为文本文件

要求:作业源码 PY70301 文件夹下提供了 1 个文本文件"学生培养.txt",统计该文本文件中出现次数最多的 10 个用于展示药学生的核心素养的词语,将统计结果保存至文件"PY70301.txt"中。程序运行结束后,用记事本打开文件"PY70301.txt",显示内容如下。

```
药学生核心素养:
创新      12
实践      11
药学      9
创业      9
能力      7
德智体美   4
全面      3
```

```
创新能力    3
探索        3
研究        3
```

　　分析：对中文文本进行词频统计之前需使用 jieba 库对其进行分词，分词之后的词频统计方法与英文词频统计方法类似，统计结果以键值对＜词语＞：＜出现次数＞的形式保存在字典中；然后将字典转换为有顺序的列表类型，使用 sort（）方法和 lambda（）函数实现按次数降序排列；最后按格式和数量要求写入文本文件"PY70301.txt"。

　　实验步骤：

　　1）程序代码

　　新建文件，输入以下代码，请在……处使用一行或多行代码替换，不修改其他代码，实现题目功能。

```
import jieba
fo = open('PY70301.txt','w')
......
fo.close()
```

　　2）保存并运行程序

　　将文件保存为 PY70301.py，运行程序，验证程序的正确性并观察程序执行效果。

　　3）提示

　　本题中的统计结果写入文本文件"PY70301.txt"，可考虑使用 write（）方法。请思考 write（）和 print（）使用时的区别。

　　2. 生成一个随机整数矩阵并将其保存为文本文件和 CSV 文件

　　要求：生成一个 10×10 的矩阵（元素为 $1 \sim 100$ 的随机整数）并将其保存为文本文件"rm.txt"，用空格分隔列向量，用换行符分隔行向量；然后编写程序，将该文本文件另存为 CSV 格式文件"rm.csv"。程序运行结束后，用记事本打开文件"rm.txt"，显示内容如下。

```
51 14 33 65 89 10 77 80 91 52
52 85 66 24 60 32 30 4 52 3
25 22 32 20 81 40 49 20 1 63
71 63 87 80 80 54 88 16 16 68
36 63 90 27 100 33 75 75 59 8
78 17 4 30 95 56 23 64 59 21
19 95 58 25 64 46 34 91 90 62
68 21 46 30 11 9 74 66 97 74
59 53 15 57 51 34 89 37 45 44
64 68 3 21 44 2 11 9 34 95
```

　　用记事本打开文件"rm.csv"，显示内容如下。

```
51,14,33,65,89,10,77,80,91,52
52,85,66,24,60,32,30,4,52,3
25,22,32,20,81,40,49,20,1,63
```

```
71,63,87,80,80,54,88,16,16,68
36,63,90,27,100,33,75,75,59,8
78,17,4,30,95,56,23,64,59,21
19,95,58,25,64,46,34,91,90,62
68,21,46,30,11,9,74,66,97,74
59,53,15,57,51,34,89,37,45,44
64,68,3,21,44,2,11,9,34,95
```

分析：本题可使用标准库 random 的 randint()函数生成随机整数,由于每行需写入 10个随机整数,所以可将这 10 个随机整数用空格连接为字符串写入文件"rm.txt",使用 for 循环 10 次,即可写入 10×10 的随机整数矩阵;写入完毕后,再从文件"rm.txt"中逐行读出字符串,使用字符串的 replace()方法将空格替换为逗号,同时将替换后的新字符串写入文件"rm.csv"。

实验步骤：

1)程序代码

新建文件,输入以下代码,请在……处使用一行或多行代码替换,不修改其他代码,实现题目功能。

```
from random import randint
......
ft.close()
fc.close()
```

2)保存并运行程序

将文件保存为 PY70302.py,运行程序,验证程序的正确性并观察程序执行效果。

3)提示

本题中,文件"rm.txt"需要先写后读,因此打开文件的模式需考虑使用读写模式。同时,由于写操作结束后文件指针在文件尾部,请思考如何将文件指针返回到文件开始处。

3. 读写 CSV 文件

要求：作业源码 PY70303 文件夹下提供了 1 个 CSV 文件"drug2020.csv",将该文件中的药品销售二维数据读入列表,然后计算其中的数值数据,将销售数量值修改为销售百分比,最后将结果写入文件"drug2020out.csv"。用记事本打开文件"drug2020.csv",显示内容如下。

```
商品名称,销售数量
苯磺酸氨氯地平片(安内真),1578
开博通,1332
酒石酸美托洛尔片(倍他乐克),946
苯磺酸氨氯地平片(络活喜),671
硝苯地平片(心痛定),621
```

程序运行结束后,用记事本打开文件"drug2020out.csv",显示内容如下。

```
商品名称,销售数量占比
苯磺酸氨氯地平片(安内真),30.65%
```

```
开博通,25.87%
酒石酸美托洛尔片(倍他乐克),18.38%
苯磺酸氨氯地平片(络活喜),13.03%
硝苯地平片(心痛定),12.06%
```

分析：题目要求读出文件"drug2020.csv"中的药品销售数据，计算后将结果写入文件"drug2020out.csv"，因此首先需分别使用读模式和覆盖写模式打开这两个 CSV 文件；然后将文件"drug2020.csv"中的二维数据读到列表变量中，遍历该列表变量，找到每个列表元素中的销售数量值，累加求和计算总销售数量，随后再次遍历该列表变量，计算每种药品销售数量占总销售数量的百分比；最后将列表变量中的二维数据输出并写入文件"drug2020out.csv"。

实验步骤：

1）程序代码

新建文件，输入以下代码，请在……处使用一行或多行代码替换，不修改其他代码，实现题目功能。

```
fr = open("drug2020.csv", "r")
fw = open("drug2020out.csv", "w")
......
fr.close()
fw.close()
```

2）保存并运行程序

将文件保存为 PY70303.py，运行程序，验证程序的正确性并观察程序执行效果。

3）提示

本题中，计算总销售额时，在计算前需指定累加器变量并赋初值，做好累加准备。

7.3.4 医药案例题

1. 保存清理后的药品销售数据

要求：将实验 60402——"药品销售数据的清理"中对药品销售数据的清理结果保存到新的文件中。

（1）将清理后的数据写入文件"cleanedData.csv"；

（2）读该 CSV 文件中的内容，查看数据概貌。

程序运行结束后，屏幕输出如下。

```
前 5 行数据如下：
2018-01-01,1616528,236701,强力 VC 银翘片,6,82.8,69
2018-01-01,101470528,236709,心痛定,4,179.2,159.2
2018-01-01,10072612028,2367011,开博通,1,28,25
2018-01-01,10074599128,2367011,开博通,5,140,125
2018-01-01,11743428,861405,苯磺酸氨氯地平片(络活喜),1,34.5,31
后 5 行数据如下：
2018-07-19,1616528,871158,厄贝沙坦片(吉加),2,34,30
```

2018-07-19,10010733628,865099,硝苯地平片(心痛定),2,2.4,2
2018-07-19,1616528,865099,硝苯地平片(心痛定),1,1.2,1
2018-07-19,1616528,861485,富马酸比索洛尔片(博苏),1,16.8,16.8
2018-07-19,104002228,861435,缬沙坦胶囊(代文),5,179,171.4
数据总行数是：6536
没有空值的数据的总行数是：6536

用记事本打开文件"cleanedData.csv"，显示内容如图 7.5 所示。

图 7.5　实验 70401 保存清理后的药品销售数据

实验步骤：

1）程序代码

打开文件 PY60402.py，将其另存为 PY70401.py，在该文件结尾处继续添加以下代码，填写正确代码以替换横线，不修改其他代码，实现题目功能。

```
#八、存入 CSV 文件:
fout = open('cleanedData.csv', _____)
txt = '\n'.join([','.join(list(map(str,each))) for each in transLs])

_____
fout.close()


#九、读出文件内容,验证其正确性
txt = open("cleanedData.csv").read()
printData(txt)
```

2）保存并运行程序

保存文件，运行程序，验证程序的正确性并观察程序执行效果。

2. 将药品销售统计数据写入 JSON 文件并读出解析

要求：将药品销售统计数据写入 JSON 文件并读出解析，程序运行结束后，屏幕输出如下。

```
[["\u82ef\u78fa\u9178\u6c28\u6c2f\u5730\u5e73\u7247(\u5b89\u5185\u771f)", "
1781"], ["\u5f00\u535a\u901a", "1440"], ["\u9152\u77f3\u9178\u7f8e\u6258\u6d1b
\u5c14\u7247(\u500d\u4ed6\u4e50\u514b)", "1140"], ["\u785d\u82ef\u5730\u5e73
\u7247(\u5fc3\u75db\u5b9a)", "825"], ["\u82ef\u78fa\u9178\u6c28\u6c2f\u5730
\u5e73\u7247(\u7edc\u6d3b\u559c)", "796"]]
```

[['苯磺酸氨氯地平片(安内真)', '1781'], ['开博通', '1440'], ['酒石酸美托洛尔片(倍他乐克)', '1140'], ['硝苯地平片(心痛定)', '825'], ['苯磺酸氨氯地平片(络活喜)', '796']]

{'苯磺酸氨氯地平片(安内真)': 1781, '开博通': 1440, '酒石酸美托洛尔片(倍他乐克)': 1140, '硝苯地平片(心痛定)': 825, '苯磺酸氨氯地平片(络活喜)': 796}

实验步骤：

1）程序代码

新建文件，输入以下代码，填写正确代码以替换横线，不修改其他代码，实现题目功能。

```
import json
ls = [['苯磺酸氨氯地平片(安内真)', '1781'], ['开博通', '1440'], ['酒石酸美托洛尔片(倍他\
乐克)', '1140'], ['硝苯地平片(心痛定)', '825'], ['苯磺酸氨氯地平片(络活喜)', '796']]
print(json.dumps(ls))
lsJson = _____            #将列表编码成 JSON 字符串
print(json.loads(lsJson))            #解析 JSON 字符串

#将列表数据写入 JSON 文件
dic = {'苯磺酸氨氯地平片(安内真)':1781,'开博通':1440,'酒石酸美托洛尔片(倍他乐\
克)':1140,'硝苯地平片(心痛定)':825,'苯磺酸氨氯地平片(络活喜)':796}
fo = open("drugNum.json","w")
json.dump(dic,fo)                    #将字典编码成 JSON 字符串
fo.close()
fin = open("drugNum.json")
dic = _____              #解析 JSON 字符串
fin.close()
print(dic)
```

2）保存并运行程序

将文件保存为 PY70402.py，运行程序，验证程序的正确性并观察程序执行效果。

7.4 实 验 解 析

7.4.1 基本概念题解析

1. 答案：C

解析：Python 通过解释器内置的 open()函数打开一个文件，并实现该文件与一个程序变量即文件对象的关联，故本题选择 C 选项。

2. 答案：D

解析：Python 提供了 read()、readline()、readlines()这 3 个常用的文件内容读取方法，

并没有 readall()方法,故本题选择 D 选项。

3. 答案:B

解析:Python 文件的打开模式用于控制使用何种方式打开文件,open()函数提供了"r""w""x""a""b""t""+"7 种基本的打开模式,这 7 种模式可以按一定的分组规则组合使用,其中"+"与"r/w/a/x"一同使用,在原功能基础上增加同时读写功能,故本题选择 B 选项。

4. 答案:C

解析:Python 文件二进制打开模式的合法组合必须包含模式"b",选项 A 仅有"b",等价于组合"br",表示以二进制文件读模式打开;选项 B"bx",表示以二进制文件创建写模式打开;选项 D"bw+",表示以二进制文件读写模式打开;而选项 C"xr+"中的"x"和"r"不可以同时使用,只能二选一,故本题选择 C 选项。

5. 答案:B

解析:在 Python 中,无论文件是创建为文本文件或是二进制文件,都可以使用"文本文件方式"和"二进制文件方式"打开,当文件以文本方式打开时,读写按照字符串方式;当文件以二进制方式打开时,读写按照字节流方式,故本题选择 B 选项。

6. 答案:A

解析:Python 对文本文件和二进制文件采用统一的操作步骤,即"打开—操作—关闭",对已经关闭的文件进行读写操作会报错,必须重新打开文件,才可以对文件进行操作,故本题选择 A 选项。

7. 答案:C

解析:Python 对文本文件和二进制文件采用统一的操作步骤,即"打开—操作—关闭",本题代码中首先打开文本文件"textfile.txt"并通过 readlines()方法读取文件内容,通过 for 循环读取文件的每行内容赋值给循环变量 line 进行相关操作,循环结束后使用 close()方法关闭该文件,之后再试图使用 readlines()方法对已经关闭的文件进行读操作,此时会报错,因为必须重新打开文件,才可以再次对文件进行操作,故本题选择 C 选项。

8. 答案:D

解析:Python 中的文件打开函数 open()的返回值是一个文件句柄,本题代码中将此文件句柄赋值给创建的变量 txt,随后输出此变量 txt 的内容,由于代码中没有对此文件进行读操作,所以并不是输出文件中的具体内容"book",也不是输出文件名"fn.txt"或是变量名"txt",故本题选择 D 选项。

9. 答案:D

解析:本题代码首先以文本文件读模式打开文件"drug.csv",随后使用 read()方法读出文件所有内容(包括换行符"\n")为一个字符串"安内真,开博通\n 倍他乐克,阿莫西林",并使用字符串的 split()方法对其进行分隔,分隔符为逗号",",分解得到的字符串列表保存在创建的变量 ls 中,故本题选择 D 选项。

10. 答案:C

解析:本题代码首先以文本文件读写模式打开指定的文件 fo,然后使用 writelines()方法把列表 ls 的列表项字符串连接在一起写入文件 fo,随后使用 seek()方法把文件指针移动到文件 fo 开头,并使用 for 循环输出文件 fo 的全部内容,所以输出结果是字符串"盘尼西林青霉素阿莫西林"的内容,故本题选择 C 选项。

11. 答案：A

解析：数据组织存在维度，在 Python 中，一维数据和二维数据一般使用元组、列表和集合表示，高维数据一般使用字典类型表示，故本题选择 A 选项。

12. 答案：B

解析：二维数据又称为表格数据，由关联关系数据构成，采用表格方式组织，对应数学中的矩阵，常见的表格都属于二维数据，故本题选择 B 选项。

13. 答案：A

解析：一维数据由对等关系的有序或无序数据构成，采用线性方式组织。一维数据有多种存储格式，常写入 TXT、CSV 和 TSV 文件中，写入文件前，一般先根据文件格式要求，转换为特定字符分隔的字符串。常用的分隔字符有一个或多个空格、逗号、其他符号或符号组合，建议采用不出现在数据中的特殊符号，不可以直接相连形成字符串方式存储，故本题选择 A 选项。

14. 答案：A

解析：以英文逗号分隔元素的存储格式叫作 CSV（Comma-Separated Values，逗号分隔值）格式，故本题选择 A 选项。

15. 答案：C

解析：二维数据又称为表格数据。二维数据常存储于 CSV、TSV、TXT 文件中，CSV 文件的每一行是一维数据，多行表示二维数据。表格数据可以包含列名，也可以不包含列名，包含时列名放在文件第一行，故本题选择 C 选项。

16. 答案：A

解析：Python 文件的 4 种打开模式"r""w""x""a"中，可以读取文件的只有"r"模式。"w""x""a"都是写模式，故本题选择 A 选项。

17. 答案：C

解析：文本文件和二进制文件最主要的区别在于是否有统一的字符编码，二进制文件由于没有统一的字符编码，因此只能当作字节流，不能看作字符串，而 CSV 文件是用于存储文本信息的，自然有对应的字符编码，故本题选择 C 选项。

18. 答案：D

解析：高维数据常存入 HTML、JSON、XML 等文件，故本题选择 D 选项。

19. 答案：A

解析：字符串的 split() 方法用于返回一个根据分隔符被分隔的部分构成的字符串列表，可用于从 CSV 文件中解析一、二维数据，结果存储在字符串列表中，故本题选择 A 选项。

20. 答案：B

解析：字符串的 join() 方法用于返回一个由组合数据类型变量的每个元素组合而成的新字符串，元素间用指定的分隔符连接，可用于向 CSV 文件写入一、二维数据，故本题选择 B 选项。

21. 答案：A

解析：Python 能处理的二进制文件包含图形图像文件、音频文件、视频文件、可执行文件、各种数据库文件和各类 Office 文件等，故本题选择 A 选项。

22. 答案：D

解析：Python 中的文件打开模式有 4 种。

r：只读模式，若文件不存在，则返回异常 FileNotFoundError，为默认值。

w：覆盖写模式，若文件不存在，则创建文件；若文件存在，则完全覆盖原文件。

a：追加写模式，若文件不存在，则创建文件；若文件存在，则在原文件最后追加内容。

x：创建写模式，若文件不存在，则创建文件；若文件存在，则返回异常 FileExistsError。

并没有 n 模式，故本题选择 D 选项。

23. 答案：C

解析：CSV 是一种通用的、相对简单的文件格式，最广泛的应用是在程序之间转移表格数据，CSV 没有通用标准规范，使用的字符编码同样没有被指定，但 ASCII 是最基本的通用编码。CSV 文件可以保存一维数据或二维数据，每一行是一维数据，可以使用 Python 的列表类型表示，故本题选择 C 选项。

24. 答案：A

解析：二维数据由多个一维数据构成，可以看作一维数据的组合形式。本题中，列表 ls 中虽然包含两种数据类型，但仍然是一维数据，故本题选择 A 选项。

25. 答案：A

解析：在 Python 语言中，使用 open()函数打开文件的操作过程中需注意，由于"\"是字符串中的转义符，所以表示文件路径时，可使用"\\""//"或"/"代替"\"，故本题选择 A 选项。

26. 答案：D

解析：二维数据由关联关系的数据构成，高维数据由键值对类型的数据构成，CSV 格式是一种通用的、相对简单的文件格式，不仅可以保存一维数据，还可以保存二维数据，因此 A、B、C 选项均错，故本题选择 D 选项。

27. 答案：C

解析：在 Python 中，文件的 7 种打开方式中，"r"为只读方式，"w"为只写方式，"t"为文本文件模式，"b"为二进制文件模式，故本题选择 C 选项。

28. 答案：B

解析：二进制文件也可以使用记事本或其他文本编辑器打开，但是一般无法正常查看其中的内容，用内置函数 open()且以"w"模式打开文件，若文件存在，则会覆盖原来的内容，不会引发异常，用内置函数 open()打开文件时，文件路径正确并不能保证正确打开。例如，以"x"创建写模式打开文件，若文件不存在，则创建文件；若文件存在，则返回异常 FileExistsError，故本题选择 B 选项。

29. 答案：C

解析：Python 中，导入库的所有函数用的是"＊"运算符，而不是"♯"运算符，故本题选择 C 选项。

30. 答案：A

解析：在 Python 语言中，二维列表对象输出为 CSV 格式文件采用遍历循环和字符串的 join()相结合的方法，split()方法一般在将文件中的数据转化为列表时使用，故本题选择 A 选项。

7.4.2 医药案例题参考答案

1. 参考代码

```
#一、读入数据,查看数据概貌
from printData import *
txt = open("drugSale.csv").read()
printData(txt)


#二、缺失值检测与处理
#按行切分数据,从而得到每次交易信息字符串的列表
ls1 = txt.split("\n")
#将每次交易信息字符串切分为具体交易信息的列表,并去掉标题行
ls = [item.split(",") for item in ls1][1:]
delNullList = []
for each in ls:
    if all(each):
        delNullList.append(each)


#三、异常数据检测与处理:删除小于0的数值对应的记录
delNullOutliersList = []
for each in delNullList:
    if float(each[4]) >= 0 and float(each[5]) >= 0 and float(each[6]) >= 0:
        delNullOutliersList.append(each)


#四、去重
cleanedLs = []
for each in delNullOutliersList:
    if each not in cleanedLs:                #去重
        cleanedLs.append(each)


#五、数据类型转换
#销售时间转换为日期时间类型,销售数量、应收金额、实收金额转换为数字类型
from datetime import date
transLs = []
for each in cleanedLs:
    try:
        tmp = each[0][0:10].split("-")
        year = int(tmp[0])
        month = int(tmp[1])
        day = int(tmp[2])
        each[0] = date(year,month,day)
        each[4] = eval(each[4])
        each[5] = eval(each[5])
```

```
        each[6] = eval(each[6])
        transLs.append(each)
    except:                              #过滤掉无法转换类型的错误数据
        continue

#六、按日期排序
transLs.sort(key = lambda x : x[0])

#七、展示结果数据
for i in range(5):
    print(transLs[i])

#八、存入 csv 文件
fout = open('cleanedData.csv','w')
txt = '\n'.join([','.join(list(map(str,each))) for each in transLs])
fout.write(txt)
fout.close()

#九、读出文件内容并验证其正确性
txt = open("cleanedData.csv").read()
printData(txt)
```

2. 参考代码

```
import json
ls = [['苯磺酸氨氯地平片(安内真)', '1781'], ['开博通', '1440'], ['酒石酸美托洛尔片(倍他\
乐克)', '1140'], ['硝苯地平片(心痛定)', '825'], ['苯磺酸氨氯地平片(络活喜)', '796']]
print(json.dumps(ls))
lsJson = json.dumps(ls)                  #将列表编码成 JSON 字符串
print(json.loads(lsJson))                #解析 JSON 字符串

#将列表数据写入 JSON 文件
dic = {'苯磺酸氨氯地平片(安内真)':1781,'开博通':1440,'酒石酸美托洛尔片(倍他乐\
克)':1140,'硝苯地平片(心痛定)':825,'苯磺酸氨氯地平片(络活喜)':796}
fo = open("drugNum.json","w")
json.dump(dic,fo)                        #将字典编码成 JSON 字符串
fo.close()
fin = open("drugNum.json")
dic = json.load(fin)                     #解析 JSON 字符串
fin.close()
print(dic)
```

实验 8　第 三 方 库

本实验主要介绍更广泛的 Python 计算生态,常用的第三方库,安装第三方库的 3 种方法,查看、检索、卸载第三方库的方法,使用 pyinstaller 打包源程序的方法,以及药品销售数据可视化展示、药学生核心素养词云图展示这两个医药数据处理案例的实现。

8.1　实 验 目 的

- 了解常用的第三方库,包括 pyinstaller、jieba、numpy、wordcloud、pandas 等。
- 掌握安装第三方库的 3 种方法:pip 工具安装、自定义安装、文件安装。
- 熟练查看、检索、卸载第三方库,包括 show、list、search、uninstall 等相关的子命令。
- 掌握使用 pyinstaller 打包源程序的方法。
- 掌握药品销售数据可视化展示、药学生核心素养词云图展示这两个医药数据处理案例的设计与实现。

8.2　知 识 点 解 析

8.2.1　第三方库概述

Python 计算生态包括 Python 标准库和第三方库,标准库随着 Python 安装包一起发布,用户可以随时使用,而第三方库需要安装后才能使用。Python 开源社区有数十万个第三方函数库,几乎覆盖信息技术的各个领域,编写 Python 程序时尽量借助已有的第三方库,从而降低编程难度,提高编程效率。Python 的常用第三方库如表 8.1 所示。

表 8.1　Python 的常用第三方库

库　　名	用　　途
jieba	中文分词
pyinstaller	打包 Python 源文件为可执行文件
wheel	Python 文件打包
wordcloud	词云展示
matplotlib	产品级二维图形绘制
TVTK	三维可视化
mayavi	交互式可视化
pil	图形处理
OpenCV	开源计算机视觉库

库　　名	用　　途
numpy	矩阵运算、数据分析
scipy	数据分析
pandas	高效数据分析
sympy	数学符号计算
sklearn	机器学习和数据挖掘
requests	HTTP 访问，网络爬虫
scrapy	网络爬虫
BeautifulSoup 或 bs4	HTML 和 XML 解析、文本处理
python-docx	文本处理
openpyxl	表格处理
Django	Web 开发框架
Flask	轻量级 Web 开发框架
Pyramid	Web 开发框架
WeRoBot	微信机器人开发框架
networkx	复杂网络和图结构的建模和分析
docopt	Python 命令行解析
pygame	简单小游戏开发框架
Panda3D	三维游戏开发
cocos2d	二维游戏开发
PyQt5	基于 Qt 的专业级 GUI 开发框架
wxPython	GUI 图形库，用于创建图形用户界面
PyGTK	用户图形界面开发
PyOpenGL	多平台 OpenGL 开发接口
PyPDF2	PDF 文件内容提取及处理
TensorFlow	机器学习
Theano	深度学习

8.2.2　管理第三方库

Python 第三方库有以下 3 种安装方法。

① pip 工具安装；

② 自定义安装；

③ 文件安装。

1. pip 工具安装

最常用且高效的 Python 第三方库安装方式是使用 pip 工具安装。pip 是 Python 官方提供并维护的在线第三方库安装工具。

pip 常用的安装和维护子命令如表 8.2 所示。

表 8.2　pip 常用的安装和维护子命令

子　命　令	格　　式	功　　能
install	pip install [-U]<库名>	安装第三方库,-U 参数可以更新已安装库的版本
download	pip download<库名>	下载第三方库安装包
uninstall	pip uninstall<库名>	卸载第三方库
list	pip list	列出当前系统中已经安装的第三方库
show	pip show<拟查询库名>	列出拟查询的已安装库的详细信息
search	pip search<拟查询关键字>	联网搜索库名或摘要中的关键字
help	pip help	查看 pip 帮助手册

pip 是 Python 第三方库最主要的安装方式,可以安装超过 90% 以上的第三方库。但是,还有少数第三方库暂时无法使用 pip 安装,需要使用其他方法安装。

2. 自定义安装

自定义安装指按照第三方库提供的安装步骤和安装方式进行安装。每个第三方库都有用于维护库的代码和文档的主页,自定义安装的具体方法需参考该网站的安装页面,进而根据指示步骤安装。自定义安装一般适合于 pip 中尚无登记或安装失败的第三方库。

3. 文件安装

文件安装应首先下载第三方库对应的 whl 安装文件,然后使用 pip 命令安装,类似普通的软件安装。

这 3 种方法由易到难,建议由上而下依次使用。一般优先选择 pip 工具安装,如果安装失败,可依次使用自定义安装、文件安装。

第三方库安装成功后,可对第三方库进行以下操作。

① 查看;

② 检索;

③ 卸载。

使用 pip 的 show 子命令列出某个已经安装库的详细信息,格式如下。

pip show <拟查询库名>

使用 pip 的 list 子命令列出当前系统中已经安装的第三方库,格式如下。

pip list

使用 pip 的 search 子命令联网搜索库名或摘要中的关键字,格式如下。

pip search <拟查询关键字>

使用 pip 的 uninstall 子命令卸载一个已经安装的第三方库,格式如下。

pip uninstall <拟卸载库名>

8.3　实验内容

8.3.1　基本概念题

1. 下面关于 pip 安装方式的说法中,错误的是(　　)。

　　A. pip 工具可以安装绝大多数的 Python 第三方库

　　B. pip 的 download 子命令可以下载第三方库的安装包并安装

　　C. pip 可以安装已经下载的 whl 文件

　　D. Python 第三方库有 3 种安装方式,其中 pip 是最常用的方式

2. 以下不是 pip 合法命令的是(　　)。

　　A. install　　　　　　B. hash　　　　　　C. help　　　　　　D. update

3. 使用 pyinstaller 打包含有中文字符的代码文件时,关于代码文件编码方式的说法中正确的是(　　)。

　　A. 必须是 UTF-8,无 BOM 编码格式

　　B. 必须是 UTF-8,无 BOM 编码格式或者 ANSI 编码格式

　　C. 可以是任何合法的编码格式

　　D. 必须是 GBK 编码格式

4. 使用 pyinstaller 打包程序时,--path 命令的作用是(　　)。

　　A. 指定代码文件所在目录　　　　　　B. 指定 pyinstaller 所在目录

　　C. 指定代码所依赖非标准库的路径　　D. 指定生成 exe 文件的目录

5. 关于 pyinstaller,下列说法错误的是(　　)。

　　A. pyinstaller 是用于将 Python 脚本打包成可执行文件的工具

　　B. pyinstaller 使用起来非常方便,在 IDLE 交互式环境下输入相应命令即可

　　C. 使用-p 添加多个非标准库的路径信息时,既可以多次使用-p,也可以用分号分隔路径

　　D. --clean 参数用于清理打包过程中的临时文件

6. 使用 pyinstaller 打包程序时,想在 dist 文件夹中只生成一个单独的 exe 文件,所需参数是(　　)。

　　A. --version　　　　B. --clean　　　　C. --onedir　　　　D. -F

7. jieba 库中函数 jieba.lcut()的返回值类型是(　　)。

　　A. 列表　　　　　　B. 迭代器　　　　　　C. 字符串　　　　　　D. 元组

8. 下面关于 jieba 库的描述错误的是(　　)。

　　A. jieba 库是一个中文分词工具

　　B. jieba 库利用基于概率的分词方法

　　C. jieba 库提供增加自定义单词的功能

　　D. jieba 库的分词模式分为模糊模式、精确模式、全模式和搜索引擎模式

9. jieba 库中搜索引擎分词模式的作用是(　　　　)。

    A. 精确地切开句子,适合文本分析

    B. 将句子中所有可以成词的词语都扫描出来

    C. 对长词再次切分,提高召回率

    D. 速度快,消除歧义

10. 下面关于 wordcloud 库的描述错误的是(　　　　)。

    A. wordcloud 库是一个用于生成词云的库

    B. wordcloud 库默认分词方法是根据空格分词

    C. wordcloud 库生成中文词云时输出乱码,故无法用于制作中文词云

    D. wordcloud 库的大多数方法都封装在 WordCloud 类里

11. 以下选项中用于网络爬虫编程的第三方库是(　　　　)。

    A. pandas   B. PyQt5   C. scrapy   D. Django

12. 以下选项中用于图像处理的第三方库是(　　　　)。

    A. beatutifulsoup4   B. PyQt5

    C. matplotlib   D. PIL

13. 以下选项中用于 Web 开发的第三方库是(　　　　)。

    A. Django   B. scrapy   C. requests   D. TensorFlow

14. 以下选项中用于机器学习的第三方库是(　　　　)。

    A. TensorFlow   B. numpy   C. SymPy   D. openpyxl

15. 以下选项中用于游戏开发的第三方库是(　　　　)。

    A. NLTK   B. PIL   C. PyQt5   D. pygame

16. 以下选项中用于用户图形界面的第三方库是(　　　　)。

    A. scrapy   B. PyQt5   C. Django   D. cocos2d

17. 以下选项中用于数据可视化的第三方库是(　　　　)。

    A. numpy   B. PyQt5   C. scipy   D. matplotlib

18. 以下选项中用于文本处理的第三方库是(　　　　)。

    A. pandas   B. Flask   C. request   D. beautifulsoup4

19. 以下选项中用于科学计算/数据分析的第三方库是(　　　　)。

    A. PyGTK   B. numpy   C. PyQt5   D. Panda3D

20. 下面不属于 Python 用来开发用户界面的第三方库的是(　　　　)。

    A. PyQt   B. wxPython   C. pyinstaller   D. PyGTK

21. 下面关于 Python 标准库和第三方库的说法正确的是(　　　　)。

    A. Python 的第三方库是随着 Python 安装时默认自带的库

    B. Python 的标准库和第三方库的调用方式都一样,都需要用 import 语句调用

    C. Python 的第三方库需要用 import 语句调用,而标准库不需要

    D. Python 的标准库需要用 import 语句调用,而第三方库不需要

22. 下面导入第三方库方式错误的是(　　　　)。

    A. import numpy   B. import numpy as np

    C. from numpy import　*   D. import ndarray from numpy

23. 下面不属于 Python 标准库的是(　　)。

    A. os   B. sys   C. scipy   D. glob

24. 下面属于 Python 机器学习方向的第三方库的是(　　)。

    A. random   B. SnowNLP   C. TensorFlow   D. loso

25. 在 Python 语言中,用来安装第三方库的工具是(　　)。

    A. install   B. pip   C. pyinstaller   D. load

8.3.2　简单操作题

1. 安装第三方库 pyinstaller

要求：用 pip 工具安装 Python 第三方库 pyinstaller。

分析：Python 第三方库有 3 种安装方法,分别是 pip 工具安装、自定义安装和文件安装。Python 安装包自带 pip 工具,使用 pip 工具是安装第三方库最重要的方法,本例使用 pip 工具安装第三方库 pyinstaller。

实验步骤：

1) 查看 pip 常用子命令

pip 是 Python 内置命令,需要通过命令行执行。执行 pip -h 命令可以列出 pip 常用的子命令：安装(install)、下载(download)、卸载(uninstall)、列表(list)、查看(show)、查找(search)等一系列安装和维护子命令,在命令行输入命令：

```
pip -h
```

执行结果如图 8.1 所示。

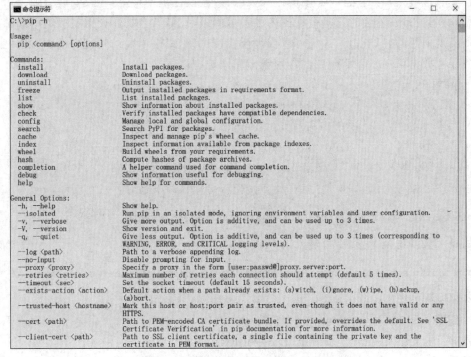

图 8.1　实验 80201 pip 常用的子命令

2) 安装 pyinstaller 第三方库

在命令行输入命令：

pip install pyinstaller

安装过程如图 8.2 所示。

```
命令提示符                                                    —   □   ×

C:\>pip install pyinstaller
Collecting pyinstaller
  Downloading pyinstaller-4.5.1-py3-none-win_amd64.whl (1.9 MB)
  ████████████████████████           1.9 MB 273 kB/s
Collecting pefile>=2017.8.1
  Downloading pefile-2021.9.3.tar.gz (72 kB)
  ████████████████████████           72 kB 50 kB/s
  Preparing metadata (setup.py) ... done
Collecting pyinstaller-hooks-contrib>=2020.6
  Downloading pyinstaller_hooks_contrib-2021.3-py2.py3-none-any.whl (200 kB)
  ████████████████████████           200 kB 133 kB/s
Requirement already satisfied: setuptools in c:\users\86138\appdata\local\programs\python\python38\lib
\site-packages (from pyinstaller) (49.2.1)
Collecting pywin32-ctypes>=0.2.0
  Using cached pywin32_ctypes-0.2.0-py2.py3-none-any.whl (28 kB)
Collecting altgraph
  Downloading altgraph-0.17.2-py2.py3-none-any.whl (21 kB)
Collecting future
  Using cached future-0.18.2.tar.gz (829 kB)
  Preparing metadata (setup.py) ... done
Using legacy 'setup.py install' for pefile, since package 'wheel' is not installed.
Using legacy 'setup.py install' for future, since package 'wheel' is not installed.
Installing collected packages: future, pywin32-ctypes, pyinstaller-hooks-contrib, pefile, altgraph, py
installer
    Running setup.py install for future ... done
    Running setup.py install for pefile ... done
Successfully installed altgraph-0.17.2 future-0.18.2 pefile-2021.9.3 pyinstaller-4.5.1 pyinstaller-hoo
ks-contrib-2021.3 pywin32-ctypes-0.2.0

C:\>
```

图 8.2 实验 80201 安装 pyinstaller 第三方库

在安装过程中，有时会因为 https://pypi.org/网站速度不稳定，导致安装失败。为了提高安装效率，通常在安装时选择一些国内的镜像网站，镜像站点是通过主服务器增加转移存储地址实现信息的异地备份，这样可以提高反应速度，用户可以在访问较少或相对速度较快的服务器上取得信息。目前国内的常用镜像站网址有以下 5 个。

- 阿里云　　　　　　　　http://mirrors.aliyun.com/pypi/simple/
- 中国科技大学　　　　　https://pypi.mirrors.ustc.edu.cn/simple/
- 豆瓣　　　　　　　　　http://pypi.douban.com/simple/
- 清华大学　　　　　　　https://pypi.tuna.tsinghua.edu.cn/simple/
- 中国科学技术大学　　　http://pypi.mirrors.ustc.edu.cn/simple/

以清华镜像源为例，如果使用镜像临时安装，可输入以下命令：

pip install -i https://pypi.tuna.tsinghua.edu.cn/simple　<库名>

如果永久设置镜像安装，可输入以下命令：

pip config set global.index-url https://pypi.tuna.tsinghua.edu.cn/simple/

安装过程如图 8.3 所示。

2. 安装第三方库 wordcloud

要求：用文件安装 Python 第三方库 wordcloud。

分析：Python 第三方库有 3 种安装方法，分别是 pip 工具安装、自定义安装和文件安

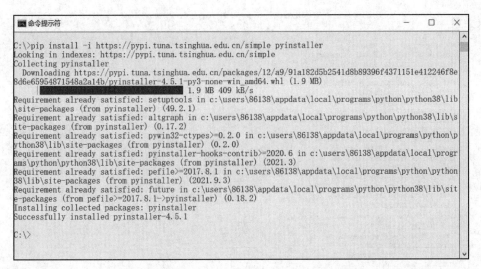

图 8.3　实验 80201 镜像安装 pyinstaller 第三方库

装。本例使用文件安装方法安装第三方库 wordcloud。

实验步骤：

1) 下载安装文件

在浏览器中输入网址 http://www.lfd.uci.edu/~gohlke/pythonlibs/，该地址列出了在
pip 安装中可能出现问题的第三方库，如图 8.4 所示。

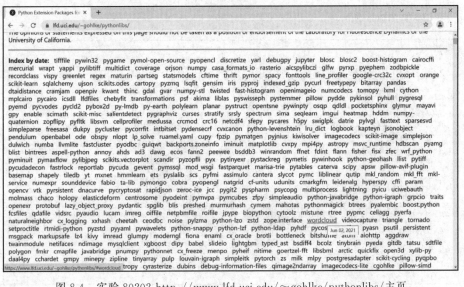

图 8.4　实验 80202 http://www.lfd.uci.edu/~gohlke/pythonlibs/主页

单击该网页中的库名链接 wordcloud，随后打开 wordcloud 库对应的各种版本 whl 格
式的安装文件，如图 8.5 所示。

选择与已安装 Python 版本解释器和操作系统(以 Python 3.8 和 64 位 Windows 操作系
统为例)对应的 whl 文件下载到指定路径(以 D:\py 目录为例)，对应的文件为 D:\py\

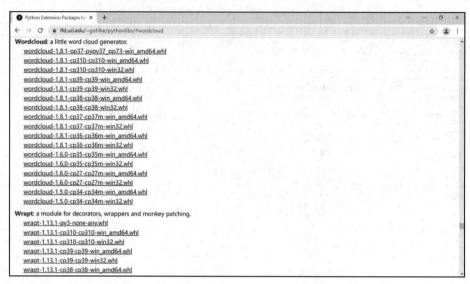

图 8.5　实验 80202 wordcloud 库对应的 Windows 文件下载页面

wordcloud-1.8.1-cp38-cp38-win_amd64.whl。

2）安装 wordcloud 第三方库

使用 pip 命令安装该文件，在命令行输入如下命令：

```
pip install D:\py\wordcloud-1.8.1-cp38-cp38-win_amd64.whl
```

安装过程如图 8.6 所示。

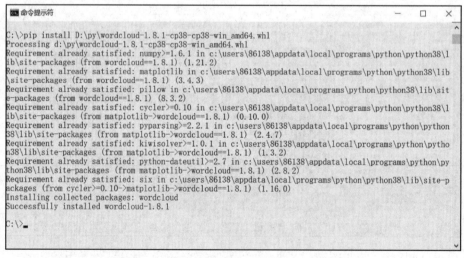

图 8.6　实验 80202 安装 wordcloud 第三方库

8.3.3　综合应用题

利用 pyinstaller 打包绘制苯环的源程序

要求：作业源码 PY80301 文件夹下提供了绘制苯环的源程序文件 benzene.py，请利用第三方库 pyinstaller 打包绘制苯环的源程序为可执行文件 benzene.exe。

分析：第三方库 pyinstaller 能在 Windows、Linux、Mac OS X 等操作系统下将 Python 源文件打包。通过对源文件打包，Python 程序可以在没有安装 Python 的环境中运行，也可以作为一个独立文件传递和管理。

实验步骤：

1）打包源文件，生成可执行文件

假设有绘制苯环的源程序 D:\py\benzene.py，在命令行输入如下命令：

pyinstaller　D:\py\benzene.py

执行过程如图 8.7 所示。

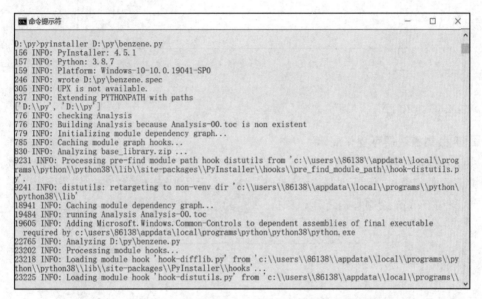

图 8.7　实验 80301 利用 pyinstaller 打包绘制苯环的源程序

执行完毕后，源文件所在目录将生成 dist 和 build 两个文件夹，如图 8.8 所示。其中 build 目录是 pyinstaller 存储临时文件的目录，可以安全删除，最终的打包程序在 dist 下的 benzene 目录中，目录中的其他文件是可执行文件 benzene.exe 的动态链接库。

2）生成独立可执行文件

为避免生成动态链接库等文件，可以通过-F 参数将 Python 源文件生成一个独立的可执行文件，在命令行输入如下命令：

图 8.8　实验 80301
文件夹详情

pyinstaller　-F　D:\py\benzene.py

命令执行后 dist 目录中仅有 benzene.exe 一个可执行文件，没有任何依赖库，双击即可执行该文件。该可执行文件的执行过程如图 8.9 所示。

3）提示

使用 pyinstaller 库需注意文件路径中不能出现空格和英文句号。

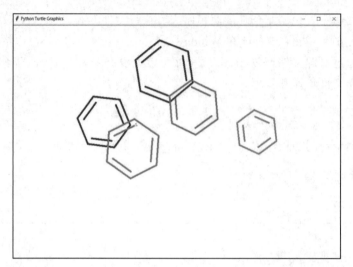

图 8.9　实验 80301 可执行文件 benzene.exe 的执行过程

8.3.4　医药案例题

1. 药品销售数据可视化展示

要求：作业源码 PY80401 文件夹下提供了 1 个 CSV 文件 cleanedData.csv，读出该文件内容并查看数据概貌，解析数据并统计分析，绘图展示数据统计的结果。

① 利用 pyplot 绘制日销售额趋势折线图，如图 8.10 所示；

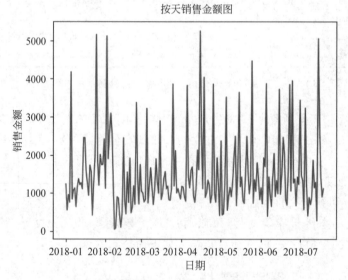

图 8.10　实验 80401 日销售额趋势折线图

② 利用 pyplot 绘制 Top20 明星药销售数量柱形图，如图 8.11 所示；

③ 利用 pyplot 绘制 Top20 明星药销售数量南丁格尔玫瑰图，如图 8.12 所示。

分析：matplotlib 是专用于开发 2D 图表（包括 3D 图表）的第三方库，以渐进、交互式方式实现数据可视化。可视化是数据挖掘的关键辅助工具，通过可视化的手段，人们可清晰地

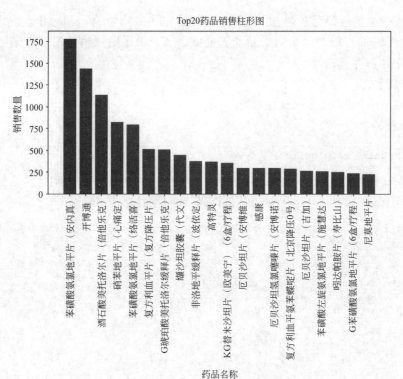

图 8.11　实验 80401 Top20 明星药销售数量柱形图

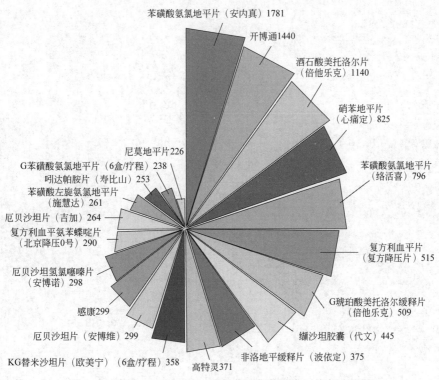

图 8.12　实验 80401 Top20 明星药销售数量南丁格尔玫瑰图

理解数据,使数据呈现得更客观、更具说服力。matplotlib库中的pyplot模块提供了类似于MATLAB的界面,可以通过面向对象的界面或MATLAB用户熟悉的一组函数完全控制线条样式、字体属性、轴属性等。

实验步骤:

1) 准备工作:安装matplotlib

在命令行输入如下命令:

pip install matplotlib

2) 打开文件PY70401.py,将其另存为PY80401.py,在该文件结尾处继续添加以下代码,填写正确代码以替换横线,不修改其他代码,实现题目功能。

```python
#一、统计分析
#计算基本统计量
totalNum = len(ls)
print("一共售药{}次".format(totalNum))
monthLs = [each[0].month for each in ls]
monthNum = len(set(monthLs))
print("一共有{}月".format(_____))
print("月均售药{}次".format(totalNum//monthNum))
moneyLs = [each[6] for each in ls]
totalMoney = _____ (moneyLs)
print("月均销售金额{:.2f}元".format(totalMoney/monthNum))
print("客单价为:{:.2f}元".format(_____))


#统计每日销售金额
dicDayMoney = {}
for each in ls:
    dicDayMoney[each[0]] = dicDayMoney.get(each[0],0) + each[6]
tmp = list(dicDayMoney.items())
tmp.sort(_____)
dayList = [each[0] for each in tmp]
dayMoneyList = [each[1] for each in tmp]


#统计得到销售数量Top20的药品
dicSaleNum = {}
for each in ls:
    dicSaleNum[each[3]] = dicSaleNum.get(each[3],0) + each[4]
tmp = list(dicSaleNum.items())
tmp.sort(key = lambda x:x[1], _____)
topDrugList = [each[0] for each in tmp[:20]]
topDrugSaleNum = [each[1] for each in tmp[:20]]

#二、绘图展示统计结果
#pyplot里有绘制折线图的plot()函数、绘制柱形图的bar()函数等
import matplotlib.pyplot as plt
from pylab import mpl                          #从标准库pylab导入mpl,实现汉字标注
mpl.rcParams['font.sans-serif'] = ['SimHei']   #设置图中的汉字为SimHei,即黑体
```

```
#1绘制日销售金额折线图
plt.plot(dayList,dayMoneyList)                 #绘制折线图
plt.title('按天销售金额图')                      #设置图的标题
plt.xlabel('日期')                              #设置 x 轴标题
plt.ylabel('销售金额')                           #设置 y 轴标题
plt.show()                                      #展示图


#2绘制药品销售数量柱形图
plt.bar(topDrugList,topDrugSaleNum)
plt.title("Top20 药品销售柱形图")
from pylab import xticks
xticks(rotation = 90)                           #设置 x 轴刻度标示本例为药物名称竖向写
plt.xlabel('药品名称',fontsize = 5)
plt.ylabel('销售数量')
plt.show()


#3南丁格尔玫瑰图展示药品销售情况
#设置绘图环境
from math import pi
from random import random,seed
seed(100)
fig = plt.figure(figsize = (15,10))
ax = plt.subplot(111,projection = 'polar')
ax.set_theta_direction(-1)
ax.set_theta_zero_location('N')


#设置南丁格尔玫瑰图参数
barNum = len(topDrugSaleNum)
heightLs = [topDrugSaleNum[-1] + (topDrugSaleNum[0] - topDrugSaleNum[-1])\
/barNum * i for i in range(barNum,0,-1)]
theta = [pi * 2/barNum * i for i in range(barNum)]
color = [(random(),random(),random()) for i in range(barNum)]


#绘制南丁格尔玫瑰图
ax.bar(theta,heightLs,width = 0.31,color = color,align = 'edge')


#添加标注文字
for angle,height,drugNum,drug in zip(theta,heightLs,topDrugSaleNum,\
topDrugList):
    ax.text(angle,height + 30 if angle < pi else height,drug + str(int\
(drugNum)),fontsize = 5)


#隐藏坐标轴
plt.axis('off')
plt.tight_layout()                             #图像调整
plt.show()
```

3）保存并运行程序

保存文件，运行程序，验证程序的正确性并观察程序执行效果。

2. 药学生核心素养词云图展示

要求：作业源码 PY80402 文件夹下提供了 3 个文件，分别是背景图 cpu.jpg、文本文件"学生培养.txt"和字体文件 mysh.ttf，使用这 3 个文件进行药学生核心素养词云图展示，并将词云图存入文件"药学生核心素养.png"。程序运行结束后，用画图程序打开文件"药学生核心素养.png"，显示内容如图 8.13 所示。

图 8.13　实验 80402 药学生核心素养词云图展示

分析：wordcloud 是专用于根据文本生成词云的 Python 第三方库，词云是对文本中出现频率较高的"关键词"予以视觉上的突出，形成"关键词云层"或"关键词渲染"，从而过滤掉大量的文本信息，使浏览者只要一眼扫过，就可以领略文本的主旨。自从 2018 年 9 月美国西北大学的 Rich Gordon 提出词云的概念后，词云图技术已经广泛应用于各类文本分析中。对于文本来说，词云特有的展示方式比传统的统计图更直观。wordcloud 库的核心是 WordCloud 类，所有功能都封装在 WordCloud 类中，使用时需首先实例化一个 WordCloud 类的对象，然后调用 generate(text) 方法将 text 文本转换为词云，如需保存到文件中，可使用 to_file(filename) 方法将词云图保存到名为 filename 的文件中。

实验步骤：

1）新建文件，输入以下代码，填写正确代码以替换横线，不修改其他代码，实现题目功能

```
#导入第三方库 wordcloud、jieba 和 imageio
#分别引入词云图类 WordCloud、分词函数 lcut() 和读背景图的函数 imread()
```

```
from wordcloud import WordCloud
from jieba import lcut
from imageio import imread
from random import randint

#一、读入背景图和文本
mask = imread("cpu.jpg")
ori_txt = open("学生培养.txt").read()

#二、产生词云图
#标准化词云图文本
words = _____
txt = " ".join((word for word in words if len(word)>1))
#设置排除词集合
excludes = {'实习','企业','大学生','方案','教育','建设','计划','学生','体系',\
            '提升','加强','学习','培养','人才','发展','联合','模式','人才培养',\
            '行业','研究生','综合','特色','构建','完善','实施','育人','项目','大学',\
            '教学','优化','改革','课程体系','开展','提高','推进','考核','对接',\
            '加快','服务','课程','平台','工程师','基地','教育培养','本科生','海外',\
            '合作','卓越','交流','制药','立项','办学','通识','知名','国际化'}
#定义词云图文本颜色使用的函数
def random_color_func(word = None,font_size = None,position = None,\
                      orientation = None,font_path = None,random_state = None):
    h = randint(180,240)                                    #色相
    s = int(100.0 * 255.0 / 255.0)                          #饱和度
    l = int(100.0 * float(randint(60, 120)) / 255.0)        #亮度
    return "hsl({}, {}%, {}%)".format(h, s, l)
#生成词云图
w = WordCloud(width = 2000,background_color = "white",stopwords = excludes,\
              font_path = "msyh.ttf",mask = mask)
#加载文本
_____

#三、将结果写入文件,输出词云图
w.to_file("药学生核心素养.png")
```

2) 保存并运行程序

将文件保存为 PY80402.py,运行程序,验证程序的正确性并观察程序执行效果。

8.4　实 验 解 析

8.4.1　基本概念题解析

1. 答案: B

解析：Python 第三方库有 pip 工具安装、自定义安装和文件安装 3 种安装方法，pip 工具安装是最常用的方式，pip 工具可以安装绝大多数 Python 第三方库（90％以上）；文件安装是指通过 pip 安装已经下载的 whl 格式的第三方库安装文件；pip 的 download 子命令仅下载第三方库安装包但并未安装，如需安装，还要使用 pip 的 install 子命令进行安装，故本题选择 B 选项。

2. 答案：B

解析：pip 的常用子命令有 install（安装）、download（下载）、uninstall（卸载）、update（更新）、list（列表）、show（查看）、search（检索）和 help（帮助）等，故本题选择 B 选项。

3. 答案：A

解析：Unicode（Universal Multiple-Octet Coded Character Set，UCS）规范中推荐的标记字节顺序的方法是 BOM（Byte Order Mark，字节顺序标记），UTF-8 以 8 位为单元对 UCS 进行编码。UCS 只是规定如何编码，并没有规定如何传输、保存这个编码。UTF-8 不需要 BOM 表明字节顺序，但可以用 BOM 表明编码方式。使用多个字节代表一个字符的各种汉字延伸编码方式，称为 ANSI 编码，ANSI 编码表示英文字符时用一字节，表示中文字符时用两字节或四字节。使用 pyinstaller 打包含有中文字符的代码文件时，源文件必须是 UTF-8 编码，无 BOM 编码格式，中文使用 ANSI 编码格式，故本题选择 A 选项。

4. 答案：C

解析：pyinstaller 库常用的相关参数见表 8.3。

表 8.3　pyinstaller 库常用的相关参数

参　　数	功　　能
-F，--onefile	在 dist 文件夹中只生成独立的打包文件
-D，--onedir	默认值，生成 dist 目录
-h，--help	查看帮助
--clean	清理打包过程中的临时文件
-d，--debug	产生 debug 版本的可执行文件
-p DIR，--path DIR	设置所依赖非标准库的路径
-i<图标文件名.ico>	指定打包程序使用的图标文件
-v，--version	查看 pyinstaller 版本

故本题选择 C 选项。

5. 答案：B

解析：第三方库 pyinstaller 能在 Windows、Linux、Mac OS X 等操作系统下将 Python 源文件打包变成直接可运行的可执行文件，如表 8.3 所示，使用-p 添加多个非标准库的路径信息时，既可以多次使用-p，也可以用分号分隔路径，--clean 参数用于清理打包过程中的临时文件。使用 pyinstaller 非常方便，在 Windows 平台的命令行中输入相应命令即可，不可在 IDLE 交互式环境下输入命令，故本题选择 B 选项。

6. 答案：D

解析：如表 8.3 所示，使用 pyinstaller 打包程序时，如需在 dist 文件夹中只生成一个单独的 exe 文件，所需参数是-F，使用参数--version 可查看 pyinstaller 版本，使用参数--clean 可清理打包过程中的临时文件，使用参数--onedir 可生成 dist 目录，故本题选择 D 选项。

7. 答案：A

解析：jieba 库常用的分词函数见表 8.4。

表 8.4　*jieba* 库常用的分词函数

函　　数	功　　能
jieba.cut(s)	精确模式，返回一个可迭代的数据类型
jieba.cut(s,cut_all＝True)	全模式，输出文本 s 中所有可能的单词
jieba.cut_for_search(s)	搜索引擎模式，适合搜索引擎建立索引的分词结果
jieba.lcut(s)	精确模式，返回一个列表类型
jieba.lcut(s,cut_all＝True)	全模式，返回一个列表类型
jieba.lcut_for_search(s)	搜索引擎模式，返回一个列表类型
jieba.add_word(w)	向分词字典中增加新词 w

由表 8.4 可知，jieba 库函数 jieba.lcut() 的返回值类型是列表类型，故本题选择 A 选项。

8. 答案：D

解析：jieba 是 Python 中一个重要的第三方中文分词函数库，能够将一段中文文本分隔成中文词语的序列，jieba 库的分词原理是利用一个中文词库，将待分词的内容与分词词库进行比对，通过图结构和动态规划方法找到最大概率的词组，除了分词，jieba 还提供增加自定义中文单词的功能。jieba 库支持 3 种分词模式：①精确模式，将句子最精确地切开，适合文本分析；②全模式，把句子中所有可以成词的词语都扫描出来，速度非常快，但不能消除歧义；③搜索引擎模式，在精确模式的基础上，对长词再次切分，提高召回率，适用于搜索引擎分词。故本题选择 D 选项。

9. 答案：C

解析：jieba 库支持 3 种分词模式，如 8 题所述，故本题选择 C 选项。

10. 答案：C

解析：wordcloud 库是专门用于根据文本生成词云的 Python 第三方库，在生成词云时，wordcloud 默认以空格或标点为分隔符对目标文本进行分词处理。对于中文文本，需用户首先用 jieba 库进行中文文本分词处理，然后以空格拼接，最后调用 wordcloud 库函数进行词云展示。注意，处理中文时还需要指定中文字体等信息。wordcloud 可以生成任何形状的词云，为了获取形状，需提供形状图像，故本题选择 C 选项。

11. 答案：C

解析：网络爬虫是自动进行 HTTP 访问并捕获 HTML 页面的程序，Python 提供了很多具备网络爬虫功能的第三方库，如 requests 和 scrapy 等。requests 库是一个简单的处理 HTTP 请求的第三方库，建立在 Python 语言的 urllib3 库的基础上，其最大优点是程序编写过程接近正常 URL 访问过程，支持非常丰富的链接访问功能，包括国际域名和 URL 获取、

HTTP 长连接和连接缓存、HTTP 会话和 Cookie 保持、浏览器使用风格的 SSL 验证、基本的摘要认证、有效的键值对 Cookie 记录、自动解压缩、自动内容解码、流数据下载等。scrapy 库是 Python 开发的一个快速的、高层次的 Web 获取框架，包含成熟网络爬虫系统应该具有的部分共用功能，任何人都可以根据需求利用已有功能经过扩展实现专业的网络爬虫系统，可应用于专业爬虫系统的构建、数据挖掘、网络监控等领域，具备产品级运行能力，故本题选择 C 选项。

12. 答案：D

解析：PIL(Python Image Library)库是一个具有强大图像处理能力的第三方库，不仅包含丰富的像素、色彩操作功能，还可用于图像归档和批量处理。PIL 库支持图像存储、显示和处理，能够处理几乎所有的图片格式，可以完成对图像的缩放、剪裁、叠加以及向图像添加线条、图像和文字等操作。PIL 库主要实现图像归档和图像处理两方面功能，根据功能的不同，PIL 库共包括 21 个与图片相关的类，如 Image、ImageFilter 和 ImageEnhance 等，这些类可以看作子库或 PIL 库中的模块，故本题选择 D 选项。

13. 答案：A

解析：Web 开发是 Python 语言流行的一个重要方向，主要用于服务器后端开发。常见的 Python 第三方库有 Django、Pyramid 和 Flask。Django 是 Python 生态中最流行的开源 Web 应用框架，采用模型(Model)、模板(Template)和视图(Views)的编写模式，称为 MTV 模式。Django 的开发理念是 DRY(Don't Repeat Yourself)，用于鼓励快速开发，形成一种一站式解决方案。Pyramid 是一个通用开源的 Python Web 应用程序开发框架，可以让开发者更简单地创建 Web 应用，相比 Django 来说，Pyramid 相对小巧、快速和灵活，开发者可以灵活选择所使用的数据库、模板风格、URL 结构等内容。Flask 是轻量级 Web 应用框架，相比 Django 和 Pyramid，Flask 被称为微框架，甚至几行代码就可以建立一个小型网站，Flask 核心不直接包含抽象访问层，通常通过扩展模块形式支持，故本题选择 A 选项。

14. 答案：A

解析：机器学习是人工智能领域的一个重要分支，Python 语言是机器学习和人工智能的基础语言，常见的 Python 机器学习第三方库有 TensorFlow、scikit-learn 和 Theano 等。TensorFlow 是谷歌公司基于 DistBelief 研发的第二代人工智能学习系统，Tensor(张量)指 N 维列表，Flow(流)指基于数据流图的计算，TensorFlow 描述张量从流图的一端流动到另一端的计算过程，TensorFlow 应用于语音识别、图像识别、机器翻译和自主跟踪等。scikit-learn 是一个简单高效的数据挖掘和数据分析工具，其基本功能包括分类、回归、聚类、数据降维、模型选择和数据预处理 6 部分，也被称为 sklearn。Theano 一般用于深度学习中大规模神经网络算法的运算，擅长处理多维列表，可以高效运行在 GPU 或 CPU 上，是一个偏向底层开发的第三方库，故本题选择 A 选项。

15. 答案：D

解析：常见的 Python 游戏开发第三方库有 Pygame、Panda3D 和 cocos2d。Pygame 是在 SDL 库基础上进行封装的、面向游戏开发入门者的 Python 第三方库，除制作游戏外，还用于制作多媒体应用程序。Pygame 提供了大量与游戏相关的底层逻辑和功能支持，适合作为入门库理解并实现游戏开发。Panda3D 是一个开源、跨平台的 3D 渲染和游戏开发库，支持 Python 和 C++ 语言，并支持很多当代先进游戏引擎所支持的特性，如法线贴图、光泽贴图、卡通渲染和线框渲染等。cocos2d 是一个构建 2D 游戏和图形界面交互式应用的框架,包括 C++、JavaScript、Swift、Python 等多个版本。cocos2d 基于 OpenGL 进行图形渲染,能够利用 GPU 进行加速。故本题选择 D 选项。

16. 答案: B

解析: Python 标准库中内置了一个 GUI 库——Tkinter,由于这个库提供的开发控件有限,因此 Python 常用的用户图形界面第三方库有 PyQt5、wxPython 和 PyGTK 等。PyQt5 有超过 620 个类和近 6000 个函数和方法,是 Python 最成熟的商业级 GUI 第三方库,可以在不同的操作系统上跨平台使用。PyQt5 采用"信号-槽"(signal-slot)机制将事件和对应的处理程序进行绑定。wxPython 是 Python 语言的一套优秀的 GUI 图形库,是跨平台 GUI 库 wxWidgets 的 Python 封装。PyGTK 是基于 GTK+的 Python 语言封装,提供了各种可视元素和功能,能够轻松创建具有图形用户界面的程序。故本题选择 B 选项。

17. 答案: D

解析: matplotlib 是提供数据绘图功能的第三方库,主要进行二维图表数据展示,广泛应用于科学计算的数据可视化,可以在各种平台上以各种硬拷贝格式和交互式环境生成具有出版品质的图形。matplotlib 可绘制直方图、功率谱、条形图、错误图、散点图等各种图形。除此以外,可用于数据可视化的第三方库还有 TVTK、Mayavi 等。TVTK 库是在标准的 VTK(Visualization Toolkit)库之上用 Traits 库进行封装的 Python 第三方库,是专业可编程的三维可视化工具。Mayavi 基于 VTK 开发,可以嵌入 Python 程序中,或直接使用其面向脚本的 API 绘制三维可视化图形,故本题选择 D 选项。

18. 答案: D

解析: Python 语言非常适合处理文本,最常用的文本处理第三方库有 pdfminer、openpyxl、python-docx 和 beautifulsoup4 等。pdfminer 是一个可以从 PDF 文档中提取各类信息的第三方库,能够完全获取并分析 PDF 的文本数据,还可以将 PDF 文件转换为 HTML 及文本格式。openpyxl 是一个处理 Microsoft Excel 文档的第三方库,支持读写 Excel 的 XLS、XLSX、XLSM、XLTX、XLTM 等格式文件,能处理 Excel 文件中的工作表、表单和数据单元。python-docx 是一个处理 Microsoft Word 文档的第三方库,支持读取、查询和修改 DOC、DOCX 等格式文件。beautifulsoup4 有时称为 Beautiful Soup 库或 bs4 库,用于解析和处理 HTML 和 XML,能根据 HTML 和 XML 语法建立解析树并解析其中的内容,故本题选择 D 选项。

19. 答案: B

解析: Python 常用的科学计算第三方库有 numpy、scipy 和 pandas 等。numpy 用于处理数据类型相同的多维列表,可存储和处理大型数据库,进行矩阵运算、矢量处理、N 维数据变换等。scipy 是一款方便、易用、专为科学和工程设计的第三方库,在 numpy 库的基础上增加了数学、科学及工程计算中常用的库函数。pandas 是基于 numpy 扩展的第三方库,提供了一批标准的数据模型和大量快速便捷处理数据的函数和方法,并提供了高效操作大型数据集所需的工具,故本题选择 B 选项。

20. 答案: C

解析: Python 常用的开发用户图形界面的第三方库有 PyQt、wxPython 和 PyGTK 等,而 pyinstaller 库用于将 Python 语言脚本(.py 文件)打包成可执行文件(.exe 文件),故本题选择 C 选项。

21. 答案:B

解析:Python 的标准库是 Python 安装时默认自带的库,而第三方库需要下载后安装到 Python 的安装目录下,不同的第三方库的安装及使用方法不同,无论是标准库还是第三方库,都需要使用 import 语句调用,故本题选择 B 选项。

22. 答案:D

解析:在 Python 语法中导入第三方库的方式有 4 种:①import <库名>;②from <库名> import *;③from <库名> import <函数名,…>;④import <库名> as <别名>。A、B、C 选项都是正确的,D 选项的正确写法应为 from numpy import ndarray,但这种方式仅能导入该库的某些函数,不是导入第三方库,故本题选择 D 选项。

23. 答案:C

解析:os、sys、glob 都是 Python 标准库,os 是操作系统接口标准库,sys 是系统相关参数和函数标准库,glob 是文件操作标准库,scipy 是 Python 的数据分析方向的第三方库,故本题选择 C 选项。

24. 答案:C

解析:SnowNLP 和 loso 是自然语言处理方向的第三方库,random 库是用于产生各种随机序列的标准库,故本题选择 C 选项。

25. 答案:B

解析:在 Python 语言中,使用 pip 工具安装和管理 Python 第三方库,pip 属于 Python 的一部分,故本题选择 B 选项。

8.4.2 医药案例题参考答案

1. 参考代码

```
#读入数据,查看概貌
from printData import *
fin = open("cleanedData.csv")
txt = fin.read()
fin.close()
printData(txt)


#数据解析
ls1 = txt.split("\n") #按行切分数据,从而得到每次交易信息字符串的列表
ls = [item.split(",") for item in ls1] #将每次交易的信息字符串切分为具体交易信息的
                                        #列表


#数据类型转换
'''
销售时间转换为日期时间类型,销售数量、应收金额、实收金额转换为数字类型
'''
```

```
from datetime import date
for each in ls:
    try:
        tmp = each[0][0:10].split("-")
        year = int(tmp[0])
        month = int(tmp[1])
        day = int(tmp[2])
        each[0] = date(year,month,day)
        each[4] = eval(each[4])
        each[5] = eval(each[5])
        each[6] = eval(each[6])
    except:                              #过滤掉无法转换类型的错误数据
        continue
print("转换后记录数为:",len(ls)) #6536


#一、统计分析
#计算基本统计量
totalNum = len(ls)
print("一共售药{}次".format(totalNum))
monthLs = [each[0].month for each in ls]
monthNum = len(set(monthLs))
print("一共有{}月".format(format(monthNum)))
print("月均售药{}次".format(totalNum//monthNum))
moneyLs = [each[6] for each in ls]
totalMoney = sum (moneyLs)
print("月均销售金额{:.2f}元".format(totalMoney/monthNum))
print("客单价为:{:.2f}元".format(totalMoney/totalNum))


#统计出每日销售金额
dicDayMoney = {}
for each in ls:
    dicDayMoney[each[0]] = dicDayMoney.get(each[0],0) + each[6]
tmp = list(dicDayMoney.items())
tmp.sort(key = lambda x : x[0])
dayList = [each[0] for each in tmp]
dayMoneyList = [each[1] for each in tmp]


#统计得到销售数量 Top20 的药品
dicSaleNum = {}
for each in ls:
    dicSaleNum[each[3]] = dicSaleNum.get(each[3],0) + each[4]
tmp = list(dicSaleNum.items())
tmp.sort(key = lambda x:x[1], reverse = True)
topDrugList = [each[0] for each in tmp[:20]]
```

```
topDrugSaleNum = [each[1] for each in tmp[:20]]
```

```
#二、绘图展示统计结果
#pyplot 里有绘制折线图的 plot() 函数、绘制柱形图的 bar() 函数等
import matplotlib.pyplot as plt
from pylab import mpl                              #从标准库 pylab 导入 mpl,实现汉字标注
mpl.rcParams['font.sans-serif'] = ['SimHei']       #设置图中的汉字为 SimHei,即黑体
```

```
#1 绘制日销售金额折线图
plt.plot(dayList,dayMoneyList)                      #绘制折线图
plt.title('按天销售金额图')                          #设置图的标题
plt.xlabel('日期')                                  #设置 x 轴标题
plt.ylabel('销售金额')                              #设置 y 轴标题
plt.show()                                          #展示图
```

```
#2 绘制药品销售数量柱形图
plt.bar(topDrugList,topDrugSaleNum)
plt.title("Top20 药品销售柱形图")
from pylab import xticks
xticks(rotation = 90)                               #设置 x 轴刻度,标示本例为药物名称竖向写
plt.xlabel('药品名称',fontsize = 5)
plt.ylabel('销售数量')
plt.show()
```

```
#3 南丁格尔玫瑰图展示药品销售情况
#设置绘图环境
from math import pi
from random import random,seed
seed(100)
fig = plt.figure(figsize = (15,10))
ax = plt.subplot(111,projection = 'polar')
ax.set_theta_direction(-1)
ax.set_theta_zero_location('N')
```

```
#设置南丁格尔玫瑰图参数
barNum = len(topDrugSaleNum)
heightLs = [topDrugSaleNum[-1]+(topDrugSaleNum[0]-topDrugSaleNum[-1])/barNum * i \
for i in range(barNum,0,-1)]
theta = [pi * 2/barNum * i for i in range(barNum)]
color = [(random(),random(),random()) for i in range(barNum)]
```

```
#绘制南丁格尔玫瑰图
ax.bar(theta,heightLs,width = 0.31,color = color,align = 'edge')
```

```
#添加标注文字
for angle,height,drugNum,drug in zip(theta,heightLs,topDrugSaleNum,
topDrugList):
    ax.text(angle,height + 30 if angle<pi else height,drug + str(int(drugNum)),
fontsize = 5)

#隐藏坐标轴
plt.axis('off')
plt.tight_layout()                              #图像调整
plt.show()
```

2. 参考代码

```
#引入词云图类 WordCloud、分词函数 lcut() 和读背景图的函数 imread()
from wordcloud import WordCloud
from jieba import lcut
from imageio import imread
from random import randint


#一、读入背景图和文本
mask = imread("cpu.jpg")
ori_txt = open("学生培养.txt").read()

#二、产生词云图
#标准化词云图文本
words = lcut(ori_txt)
txt = " ".join((word for word in words if len(word)>1))
#设置排除词集合
excludes = {'实习','企业','大学生','方案','教育','建设','计划','学生','体系',\
           '提升','加强','学习','培养','人才','发展','联合','模式','人才培养',\
           '行业','研究生','综合','特色','构建','完善','实施','育人','项目','大学',\
           '教学','优化','改革','课程体系','开展','提高','推进','考核','对接',\
           '加快','服务','课程','平台','工程师','基地','教育培养','本科生','海外',\
           '合作','卓越','交流','制药','立项','办学','通识','知名','国际化'}
#定义词云图文本颜色使用的函数
def random_color_func(word = None,font_size = None,position = None,\
                    orientation = None,font_path = None,random_state = None):
    h = randint(180,240)                        #色相
    s = int(100.0 * 255.0 / 255.0)              #饱和度
    l = int(100.0 * float(randint(60, 120)) / 255.0)    #亮度
    return "hsl({}, {}%, {}%)".format(h, s, l)
#生成词云图
w = WordCloud(width = 2000,background_color = "white",stopwords = excludes,\
            font_path = "msyh.ttf",mask = mask)
```

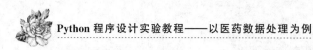

```
#加载文本
w.generate(txt)


#三、将结果写入文件,输出词云图
w.to_file("药学生核心素养.png")
```

附　　录

附录 A　全国计算机等级考试二级 Python 语言程序设计
考试大纲（2022 年版）

- **基本要求**

1．掌握 Python 语言的基本语法规则。

2．掌握不少于 3 个基本的 Python 标准库。

3．掌握不少于 3 个 Python 第三方库，掌握获取并安装第三方库的方法。

4．能够阅读和分析 Python 程序。

5．熟练使用 IDLE 开发环境，能够将脚本程序转变为可执行程序。

6．了解 Python 计算生态在以下方面（不限于）的主要第三方库名称：网络爬虫、数据分析、数据可视化、机器学习、Web 开发等。

- **考试内容**

一、Python 语言基本语法元素

1．程序的基本语法元素：程序的格式框架、缩进、注释、变量、命名、关键字、连接符、数据类型、赋值语句、引用。

2．基本输入/输出函数：input()、eval()、print()。

3．源程序的书写风格。

4．Python 语言的特点。

二、基本数据类型

1．数字类型：整数类型、浮点数类型和复数类型。

2．数字类型的运算：数值运算操作符、数值运算函数。

3．真假无：True、False、None。

4．字符串类型及格式化：索引、切片、基本的 format()格式化方法。

5．字符串类型的操作：字符串操作符、操作函数和操作方法。

6．类型判断和类型间转换。

7．逻辑运算和比较运算。

三、程序的控制结构

1．程序的三种控制结构。

2．程序的分支结构：单分支结构、二分支结构、多分支结构。

3．程序的循环结构：遍历循环、条件循环。

4．程序的循环控制：break 和 continue。

5．程序的异常处理：try-except 及异常处理类型。

四、函数和代码复用

1. 函数的定义和使用。

2. 函数的参数传递：可选参数传递、参数名称传递、函数的返回值。

3. 变量的作用域：局部变量和全局变量。

4. 函数递归的定义和使用。

五、组合数据类型

1. 组合数据类型的基本概念。

2. 列表类型：定义、索引、切片。

3. 列表类型的操作：操作符、操作函数和操作方法。

4. 集合类型：定义。

5. 集合类型的操作：操作符、操作函数和操作方法。

6. 字典类型：定义、索引。

7. 字典类型的操作：操作符、操作函数和操作方法。

六、文件和数据格式化

1. 文件的使用：文件打开、读写和关闭。

2. 数据组织的维度：一维数据和二维数据。

3. 一维数据的处理：表示、存储和处理。

4. 二维数据的处理：表示、存储和处理。

5. 采用 CSV 格式对一、二维数据文件的读写。

七、**Python** 程序设计方法

1. 过程式编程方法。

2. 函数式编程方法。

3. 生态式编程方法。

4. 递归计算方法。

八、**Python** 计算生态

1. 标准库的使用：turtle 库、random 库、time 库。

2. 基本的 Python 内置函数。

3. 利用 pip 工具的第三方库安装方法。

4. 第三方库的使用：jieba 库、pyinstaller 库、基本 numpy 库。

5. 更广泛的 Python 计算生态，只要求了解第三方库的名称，不限于以下领域：网络爬虫、数据分析、文本处理、数据可视化、用户图形界面、机器学习、Web 开发、游戏开发等。

• 考试方式

上机考试，考试时长 120 分钟，满分 100 分。

1. 题型及分值

单项选择题 40 分（含公共基础知识部分 10 分）。

操作题 60 分（包括基本编程题和综合编程题）。

2. 考试环境

Windows 7 操作系统，建议 Python 3.5.3 至 Python 3.9.10 版本，IDLE 开发环境。

附录 B 全国计算机等级考试二级 Python 语言程序设计 模拟练习一

一、选择题（每题 **1** 分，共 **40** 分）（不含公共基础知识考点）

1. 以下不符合 Python 语言特点的是（　　）。

   A. 支持中文　　　　　B. 语法简洁　　　　　C. 跨平台　　　　　D. 运行速度快

2. 以下关于 Python 语法元素的描述正确的是（　　）。

   A. Python 中函数名允许以数字开头

   B. ♯ 是 Python 的运算符号

   C. if、for、while、def 等语句后面都要跟一个"："

   D. 要求代码采用缩进格式编写的目的是为了美观

3. 表达式 print("6//4")的运行结果是（　　）。

   A. 1.5　　　　　　　B. 1　　　　　　　　C. "1.5"　　　　　　D. 6//4

4. Python 语言提供了 3 种基本的数字类型，分别是（　　）。

   A. 复数类型、二进制类型、浮点数类型

   B. 二进制类型、十进制类型、八进制类型

   C. 整数类型、二进制类型、浮点数类型

   D. 整数类型、浮点数类型、复数类型

5. 若 Python 程序在执行时产生了 SyntaxError 的错误，那么原因是（　　）。

   A. 代码中有无法解释执行的语法错误　　　B. 代码中有未定义的变量名

   C. 代码中有书写错误的关键字　　　　　　D. 代码中有数据类型不匹配的问题

6. 在 Python 语言中，不能作为变量名的是（　　）。

   A. Temp　　　　　　B. p　　　　　　　　C. 3m　　　　　　　D. _fg

7. 以下关于 Python 语言特点的描述中，错误的是（　　）。

   A. Python 是主要用于系统编程和 Web 访问的开发语言

   B. Python 语言代码简洁，开发效率高

   C. 对于需要更高执行速度的功能，Python 语言可以调用 C 语言编写的底层代码

   D. Python 语言是解释执行的，执行速度慢于编译执行的语言

8. 以下代码的输出结果是（　　）。

```
x = "m\0n\0p"
print(len(x))
```

   A. 3　　　　　　　　B. 5　　　　　　　　C. 6　　　　　　　　D. 7

9. 以下代码的输出结果是（　　）。

```
a = 18.66
print(complex(a))
```

   A. 0.66　　　　　　B. 18.66＋j　　　　　C. (18.66＋0j)　　　　D. (18.66＋1j)

10. 以下属于 Python 语言保留字的是(　　　)。

    A. true　　　　　　B. sum　　　　　　C. global　　　　　　D. As

11. 表达式 4 * 3**2//8%5 的计算结果是(　　　)。

    A. 5　　　　　　　B. 0　　　　　　　C. 4　　　　　　　D. 3

12. 以下关于 Python 字符串的描述错误的是(　　　)。

    A. 在 Python 字符串中,可以同时混合使用正整数和负整数进行索引和切片

    B. Python 字符串采用[m,n]格式进行切片,可以读取从索引 m 到 n 的子串

    C. 空字符串和空格字符串是不同的

    D. 字符串"c:\\test"中的第一个\表示转义字符

13. 表达式 type(type("12"))的运行结果是(　　　)。

    A. TypeError　　B. <class 'type'>　　C. None　　　　D. <class 'str'>

14. 以下不属于 Python 语言运算符的是(　　　)。

    A. **　　　　　　B. |　　　　　　　C. $　　　　　　D. /=

15. 以下语句的运行结果是(　　　)。

```
import random
print(type(random.random()))
```

    A. <class 'float'>　　　　　　　　B. None

    C. <class 'int'>　　　　　　　　　D. <class 'str'>

16. 以下代码的运行结果是(　　　)。

```
a = "100"
print(eval(a+"1+5"))
```

    A. 106　　　　　　B. 1006　　　　　　C. 程序报错　　　　D. "1006"

17. 关于类型转换的描述,错误的选项是(　　　)。

    A. int("1.2")可以将字符串转换为整数

    B. int(1.2)能将浮点数转换为整数

    C. str(2+3j)能将复数 2+3j 转换为字符串

    D. int(2+3j)不能将复数 2+3j 转换为整数,程序报错

18. 下列选项中描述错误的是(　　　)。

    A. Python 异常处理功能可以通过 try…except 结构实现

    B. try…except 可以在循环体中使用

    C. 编程语言中的异常和错误是相同的概念

    D. Python 通过 for、while 等保留字构建循环结构

19. 从键盘输入数字 2,以下代码的运行结果是(　　　)。

```
try:
    n = input("请输入一个正整数:")
    def pow2(n):
```

```
        return n * n
except:
    print("程序运行错误!")
```

    A. 程序没有任何输出   B. 4

    C. 程序运行错误!   D. 2

20. 以下程序的运行结果是(   )。

```
x = 3.14159
print(round(x, 2), round(x))
```

    A. 3.14，3   B. 3，3.14   C. 6.28，3   D. 3，6.28

21. 表达式 max({3:9,6:2,4:8}) 的运行结果是(   )。

    A. 6:2   B. 9   C. 6   D. 3:9

22. 下列语句的运行结果是(   )。

```
s = "253748"
print(s[1:-1:2])
```

    A. 578   B. 57   C. 75   D. 5374

23. 以下语句的运行结果是(   )。

```
s = "南京,上海,北京,深圳,"
print(s.strip(",").replace(",", "!"))
```

    A. 南京 上海 北京 深圳，   B. 南京！上海！北京！深圳

    C. 南京！上海！北京！深圳，   D. 南京,上海,北京,深圳！

24. 以下语句的运行结果是(   )。

```
s = "12345"
print(s[3::-2])
```

    A. 42   B. 4   C. 45   D. 43

25. 以下语句的运行结果是(   )。

```
a = 30
if a > 10:
    print("分支1")
elif a > 20:
    print("分支2")
else:
    print("分支3")
```

    A. 分支1   B. 分支2   C. 分支3   D. 无输出

26. 以下关于 Python 函数的描述,错误的是( )。

    A. 函数可以同时返回多个结果

    B. 函数可以没有返回值

    C. 定义函数时,不能给形参赋予默认值

    D. 定义和使用函数时,形参和实参的数量可以不同

27. 以下代码的运行结果是( )。

```
t1 = 1.2
def gd(t2):
    return t2 < 0
print(gd(t1))
```

    A. 1.2   B. True   C. False   D. 无输出

28. 以下代码的运行结果是( )。

```
def func(a, b):
    c = a**2+b
    b = a
    return c
a = 10
b = 50
c = func(a, b)+b
print(c)
```

    A. 160   B. 200   C. 100   D. 120

29. 执行以下程序,导致屏幕上出现"输入有误!"的选项是( )。

```
try:
    ls = eval(input("请输入:")) * 2
    print(ls)
except:
    print("输入有误!")
```

    A. 10   B. "10"   C. a   D. "a"

30. 以下代码的运行结果是( )。

```
c = 10
def func(b=2, a=1):
    global c
    c += 3 * a+5 * b
    return c
print(c, func(1, 2))
```

    A. 21 21   B. 23 23   C. 10 21   D. 10 23

31. 以下关于 Python 字典数据类型的描述,错误的是(　　　)。

　　A. 字典中的键值对没有顺序,而且"键"不能重复

　　B. 字典可以通过整数索引号查找其中的元素

　　C. 字典中的"键"和"值"用冒号连接

　　D. 字典中可以通过"键"进行索引,寻找相应的"值"

32. 以下代码的运行结果是(　　　)。

```
dic = {"drink": {"cola": 1, "water": 3}}
print(dic.get("cola", "no this drink"))
```

　　A. 1　　　　　　　　B. 3　　　　　　　C. no this drink　　　D. 程序出错

33. 以下关于 Python 字典变量的定义中,错误的是(　　　)。

　　A. dic={1:[10,20],2:[30,40]}　　　　B. dic={[10,20]:1,[30,40]:2}

　　C. dic={(10,20):1,(30,40):2}　　　　D. dic={"zhang":1, "wang":2}

34. 设有列表 ls＝list(range(5)),能够输出该列表中最大元素的语句是(　　　)。

　　A. print(ls.max())　　　　　　　　B. print(ls.max)

　　C. print(max(ls))　　　　　　　　D. print(max(ls()))

35. 以下代码的运行结果是(　　　)。

```
ls = ["2022", "Python"]
lis = []
ls.append("2023")
lis.append(ls)
print(lis, ls)
```

　　A. [['2022', 'Python', '2023']] ['2022', 'Python', '2023']

　　B. ['2022', 'Python', '2023'] ['2022', 'Python', '2023']

　　C. [['2022', 'Python', '2023']] [['2022', 'Python', '2023']]

　　D. ['2022', 'Python', '2023', '2023'] ['2022', 'Python', '2023']

36. 以下代码的运行结果是(　　　)。

```
ls1 = [3, 1, 2, 4]
ls2 = ls1
ls2.sort()
print(ls1)
```

　　A. [3,1,2,4]　　　B. [1,2,3,4]　　　C. 3,1,2,4　　　　D. 1,2,3,4

37. 以下代码的运行结果是(　　　)。

```
ls = [[1, 2, 3], [4, 5, 6]]
s = 0
for i in ls:
```

```
    for j in range(3):
        s += i[j]
print(s)
```

    A. 6   B. 15   C. 21   D. 16

38. 以下方法能返回列表数据类型的选项是（　　　）。

    A. s.join()   B. s.split()

    C. s.find()   D. s.replace()

39. 执行以下代码后，文件 f.txt 的内容是（　　　）。

```
fi = open("f.txt", "w")
ls = ["小红", "小明", "小亮"]
fi.write("\n".join(ls))
fi.close()
```

    A. "小红","\n","小明","\n ","小亮"   B. 小红小明小亮

    C. "小红"   D. 小红

       "小明"   小明

       "小亮"   小亮

40. 在 Python 语言中，用来安装第三方库的工具是（　　　）。

    A. pygame   B. pip

    C. pyinstaller   D. PyTorch

二、基本操作题（共 15 分）

41. 从键盘输入一个正整数 n（位数不超过 10），按指定格式将 n 输出到屏幕。格式要求：宽度为 15 个字符，以！填充，左对齐，带千位分隔符。执行效果如下。

```
请输入正整数：6345100
6,345,100!!!!!!
```

＃请在程序的＿＿＿＿＿＿＿处使用一行代码或表达式替换

＃注意：请不要修改其他已给出的代码

```
n = eval(input("请输入正整数:"))
print("＿＿＿＿＿".format(n))
```

42. 从键盘输入一个正整数 n，以 50 为随机数种子，随机生成 10 个 10～n 的随机整数并将其输出，且随机数之间用英文逗号分隔，执行效果如下。

```
请输入一个正整数:20
17,14,15,20,13,17,15,11,18,15
```

＃请在程序的＿＿＿＿＿＿＿处使用一行代码或表达式替换

＃注意，请不要修改其他已给出的代码

```
import random
n = eval(input("请输入一个正整数:"))
_____(1)_____
for i in range(10):
    if i<9:
        print(_____(2)_____)
    else:
        print(_____(3)_____)
```

43. 从键盘输入 4 个数字,并且每个数字用空格分隔,输入后分别存入变量 x1,y1,x2,y2 中。计算两点(x1,y1)和(x2,y2)之间的距离,保留 3 位小数,并在屏幕上打印输出,执行效果如下。

```
请输入 4 个数字(空格分隔):1 2 3 4
两点之间的距离为:2.828
```

♯请在程序的_____处使用一行代码或表达式替换
♯注意,请不要修改其他已给出的代码

```
s = input("请输入 4 个数字(空格分隔):")
_____(1)_____
x1 = eval(ls[0])
y1 = eval(ls[1])
x2 = eval(ls[2])
y2 = eval(ls[3])
r =_____(2)_____
print("两点之间的距离为:{_____(3)_____}".format(r))
```

三、简单应用题(共 25 分)

44. 使用 turtle 库绘制边长为 100 的菱形组合,组合图形的边为红色,填充为灰色,效果如下图所示。

♯以下代码为提示框架
♯请在程序_____处使用一行代码替换
♯注意,其他已给出的代码仅作为提示,可以修改

```
import turtle as t
t.color(   (1)   )
t.pensize(3)
t.begin_fill()
for i in range(3):
    t.fd(100)
    t.left(60)
    t.fd(100)
      (2)
    t.fd(100)
    t.left(60)
    t.fd(100)
      (3)
```

45. 从键盘输入药品名称及其销售数量,药品名称和销售数量之间用空格间隔,每个药品信息占一行,按 Enter 键结束输入,输入示例如下。

感康 660
阿司匹林 580
硝苯地平片 460
心痛定 930
高特灵 1200

要求按照销售数量从高到低进行排序并输出,药品名称和销售数量之间用英文逗号分隔,每个药品信息占一行,执行效果如下。

高特灵,1200
心痛定,930
感康,660
阿司匹林,580
硝苯地平片,460

```
# 以下代码为提示框架
# 请在程序_____处使用一行代码替换
# 请在…处使用一行或多行代码替换
# 注意,其他已给出的代码仅作为提示,可以修改
```

```
data = input("请输入药品名称及销售数量:")
pharm_sale_dict = {}
while data:
    ...
    data = input("请输入药品名称及销售数量:")
...
for i in range(_____):
    ...
```

四、综合应用题(共 20 分)

46. 设计一个猜字母游戏的程序,满足以下功能:

(1) 随机给出 26 个小写字母中的一个,用户输入猜测的字母。

(2) 若输入的字符不在 26 个小写字母的范围内,则程序提示用户重新输入。

(3) 输入的字符在 26 个小写字母范围内,

- 若没有猜中,则程序给出输入字母在答案字母之前还是之后的提示;

- 若猜中了,则输出猜测次数并退出游戏。

(4) 若猜测次数大于 5 次仍然没有猜中,则答题失败并退出游戏。

执行效果如下。

```
请输入 26 个小写英文字母中的任意一个:3
您输入的不是小写英文字母!请输入 26 个小写英文字母中的任意一个:c
您输入的字母排在该字母之前!请输入 26 个小写英文字母中的任意一个:d
您输入的字母排在该字母之前!请输入 26 个小写英文字母中的任意一个:f
您输入的字母排在该字母之后!请输入 26 个小写英文字母中的任意一个:e
恭喜您猜对了,总共猜了 5 次!
```

♯以下代码为提示框架

♯请在程序_____处使用一行代码替换

♯请在…处使用一行或多行代码替换

♯注意,其他已给出的代码仅作为提示,可以修改

```python
import random
c_list = ["a","b","c","d","e","f","g","h",\
          "i","j","k","l","m","n","o","p",\
          "q","r","s","t","u","v","w","x","y","z"]
c = c_list[random.randint(0,25)]
count = 0
while True:
    c_input = input("请输入 26 个小写英文字母中的任意一个:")
    _____
    if c_input not in c_list:
        print("您输入的不是小写英文字母",end="!")
    else:
        ……
```

参考答案及解析

一、选择题

1. 答案:D

解析:Python 语言有一些重要特点,如语法简洁,开发效率高;生态丰富,Python 除解释器自带的一些类和函数库外,还有数十万个第三方库;支持中文、英文等多种语言字符;Python 语言与平台无关,可以在任何安装了 Python 解释器的计算机上运行;Python 是解

释型的脚本语言,运行速度慢于编译型语言,故本题选择 D 选项。

2. 答案:C

解析:Python 中函数名的命名规则和变量命名规则是一样的,可以包含字母、数字、下画线或汉字等字符,中间不能出现空格,但是不能以数字开头;♯不是运算符号,是 Python 用来进行语句注释的符号;一般代码不需要缩进,顶格书写代码时也不能留空白,当表示选择分支、循环、函数等结构时,必须在相应保留字所在的完整语句后加英文冒号“:”结尾,该行下面的代码要用缩进格式书写,通过缩进格式表明后续代码与紧邻无缩进语句之间的从属关系,故本题选择 C 选项。

3. 答案:D

解析:print()方法具有打印功能,括号中的参数是字符串,字符串中的内容原封不动输出,故本题选择 D 选项。

4. 答案:D

解析:Python 中包含 3 种数字类型,即整数类型、浮点数类型、复数类型,故本题选择 D 选项。

5. 答案:A

解析:Python 运行时,如果程序报错提示 SyntaxError,则说明代码有语法错误,故本题选择 A 选项。

6. 答案:C

解析:Python 采用大写字母、小写字母、数字、下画线和汉字等字符及其组合为标识符命名,但首字符不能是数字,且标识符中间不能出现空格,故本题选择 C 选项。

7. 答案:A

解析:Python 是解释执行的语言,其速度比编译执行的语言慢,但由于代码简洁,使得其开发效率很高。Python 被称为“胶水语言”,可以和其他语言一起使用。它几乎适用于任何与程序设计相关的开发,特别适合数据分析、机器学习和人工智能等领域,故本题选择 A 选项。

8. 答案:B

解析:len(x)函数返回字符串 x 的长度。一个中文字符或西文字符的长度都为 1。字符串中的“\”为转义字符,“\0”表示一个空格,长度为 1,所以本题中的字符串长度为 5,故本题选择 B 选项。

9. 答案:C

解析:complex(a,b)函数的功能是创建一个复数 a+b*j,其中 a 为实部,b 为虚部,当虚部 b 为 0 时,可写作 0j,故本题选择 C 选项。

10. 答案:C

解析:Python 3 版本中有 33 个保留字,从 Python 3.7 版本之后又增加了 2 个关键字,其中 True、False、None 这 3 个保留字的首字符要大写,其余保留字都是小写字符,sum 不是保留字,而 global 是保留字,故本题选择 C 选项。

11. 答案:C

解析:Python 中提供的算术运算符包括+、-、*、/、//、%、**、+(单目取正符号)、-(单目取负符号),其中优先级最高的是**,因此本题中先计算 3**2 得到 9,之后再乘以 4

得到 36,36//8 的结果为 4,4%5 的结果为 4,故本题选择 C 选项。

12. 答案：B

解析：Python 中,对字符串中某个字符或区间的检索可以通过切片方式实现,切片格式为[m,n],表示从 m 位置开始取到 n 位置(不包含 n 位置)的子串,其中 m 和 n 表示索引号,可以混合使用正向递增序号和反向递减序号;空字符串表示字符串中没有任何字符,长度为 0,而空格字符串表示字符串中包含空格字符,字符串的长度为空格的个数,因此空字符串和空格字符串不同;字符串"c:\\test"中的第一个"\"是转义字符,表示盘符路径时,必须加一个转义字符,使得后续的"\t"不再表示制表符,故本题选择 B 选项。

13. 答案：B

解析：type(x)函数可以得到变量 x 的数据类型。若 type("12")得到＜class 'str'＞,则 type(type("12"))得到＜class 'type'＞,故本题选择 B 选项。

14. 答案：C

解析：**属于数值运算符,x**y 表示 x 的 y 次幂;|是按位或运算符;/＝是增强运算符,表示进行除法后再赋值,故本题选择 C 选项。

15. 答案：A

解析：Python 的标准库 random 主要用于生成各种分布的伪随机数序列,库中 random()函数的功能是生成一个[0.0, 1.0)的随机小数,因此生成的数据类型是 float,故本题选择 A 选项。

16. 答案：B

解析：eval()将参数中的字符串外层的引号去掉,并执行去掉引号以后的 Python 语句。括号内 a+"1+5"中的"+"为字符串连接运算符,又因为 a＝ "100",因此得到字符串"1001+5",此时通过 eval()函数去掉外层的引号后,得到表达式 1001＋5,运算后最终得到数值 1006,故本题选择 B 选项。

17. 答案：A

解析：int()函数可以将字符串转换成整数,但是如果字符串中包含不能转换成整数的字符,程序就会报错,选项 A 中包含字符小数点".",不能转换成整数,因而报错;int()函数可以将浮点数转换为整数,但不能将复数转换为整数;str()函数可以将参数转换为字符串。故本题选择 A 选项。

18. 答案：C

解析：Python 中异常处理的功能可以通过 try-except 语句完成,该语句可以根据需求用在循环体中;Python 中的循环结构有 for 和 while 两种类型;编程语言中异常和错误是不同的概念,异常指程序运行层面的问题,而错误包含的范围更广,例如包括程序的逻辑错误,此时程序可能是正常运行的,但运行结果有误,故本题选择 C 选项。

19. 答案：A

解析：程序中定义了一个函数 pow2(),但是没有调用该函数的语句,因此该段程序没有任何输出,故本题选择 A 选项。

20. 答案：A

解析：round(x[,n])函数的功能是对浮点数 x 保留 n 位小数,当 n 缺省时,表明对 x 取整,取整方法为四舍六入五成双,故本题选择 A 选项。

21. 答案：C

解析：字典由键值对组成，max()和 min()都是针对"键"进行比较，因此 max()输出最大的键，min()输出最小的键，故本题选择 C 选项。

22. 答案：B

解析：通过字符串切片[m:n:k]操作，可以读取字符串中从 m 到 n(不包括 n)的以 k 为步长的子串，本题中从字符串 s 的第 2 个元素开始读取，以 2 为步长，读到最后一个元素为止(不包括最后一个元素)，因此可以取出子串"57"，故本题选择 B 选项。

23. 答案：B

解析：由于 s.strip(",")方法用来删除字符串左右两侧的逗号，因此"深圳"后面的逗号被去掉了，再用 replace(",","!")方法将字符串内的逗号都用叹号替换，故本题选择 B 选项。

24. 答案：A

解析：通过字符串切片[m:n:k]操作，可以读取字符串中从 m 到 n(不包括 n)的以 k 为步长的子串，如果步长 k 为负数，则表明从右往左以 k 的绝对值为步长取字符，本题中起始位置为 3，对应字符"4"，步长 2，从右往左取，下一个字符就是"2"，所以取出子串"42"，故本题选择 A 选项。

25. 答案：A

解析：if…elif…else 语句为多分支选择结构，首先判断 if 后面表达式的值，如果为真，则执行 if 包含的语句块；如果为假，则继续判断 elif 后面表达式的值。如果所有 if 和 elif 后面表达式的值都为 False，则执行 else 包含的语句块。本题中 a 为 30，因此 if 后面的表达式为 True，直接执行 if 包含的语句块，在屏幕上打印"分支 1"，故本题选择 A 选项。

26. 答案：C

解析：函数通过 return 语句可以同时返回多个值，返回的多个值以元组的类型带回主函数，如果函数体内没有 return 语句，则函数不返回值；定义和使用函数时，形参和实参的数量可以不同，若某个形参没有实参与之对应，则形参可以取默认值，故本题选择 C 选项。

27. 答案：C

解析：函数 gd()的功能是判断输入的变量是否小于 0，若小于 0，则返回 True，否则返回 False，当传到函数中的参数为 1.2 时，返回 False，故本题选择 C 选项。

28. 答案：B

解析：当调用 func()函数时，参数 a 为 10，b 为 50，则 c=10**2+50 为 150，通过 return c 将 150 返回。在函数 func()内，又通过 b=a 语句将 a 的值赋给 b，但这里的 a 和 b 都是定义在函数体内的局部变量，与函数体外面的全局变量 a 和 b 只是同名而已，它们是不同的变量，当跳出函数体计算 func(a,b)+b 时，该语句中的 b 是全局变量，值仍为 50，所以 c=func(a,b)+b 为 150+50=200，故本题选择 B 选项。

29. 答案：C

解析：当输入数值 10 时，input()函数返回字符串"10"，再通过 eval()函数去掉外层的引号后，得到数值 10，计算 10 * 2 得到 20；当输入字符串"10"时，input()函数返回字符串"10"，再利用 eval()函数去掉最外一层引号后又得到"10"，接着计算"10" * 2，得到"1010"；

同理,当输入字符串"a"时,最终会得到字符串"aa";当输入 a 时,input()函数返回字符串"a",利用 eval()函数去掉引号后得到 a,而程序会把 a 当作变量处理,认为该变量没有定义,因而出现异常,此时程序跳转到 except 分支,因此屏幕上会有"输入有误!"的结果,故本题选择 C 选项。

30. 答案:C

解析:执行 print(c,func(1,2))语句时,先打印 c 的值为 10,接着调用 func()函数,实参为 1 和 2,形参为 b 和 a,由于实参和形参按照位置结合,因此形参 b 为 1,形参 a 为 2,在函数体内,c 声明为全局变量,因此计算 c+=3*a+5*b 后,c=10+3*2+5*1=21,通过 return c 语句将 21 返回,故本题选择 C 选项。

31. 答案:B

解析:字典由键值对组成,"键"和"值"之间用冒号连接;字典属于集合类型,元素无序,因此不能通过整数索引号查找,但是可以通过引用"键"寻找相应的"值";字典中每个"键"都是独一无二的,不能重复,故本题选择 B 选项。

32. 答案:C

解析:字典的方法 dic.get(key,default)的功能是取出键 key 对应的值,若键 key 不存在,则返回默认的 default 值。本题中,字典 dic 中的键只有"drink",它对应的值又是一个字典,但对于字典 dic 来说不存在"cola"键,因此只能返回默认值"no this drink",故本题选择 C 选项。

33. 答案:B

解析:字典采用花括号构建,字典的格式为{<键 1>:<值 1>,…,<键 n>:<值 n>},其中键只能取固定数据类型,如元组、字符串等,值的数据类型不限,选项 B 中的键为列表,列表是可变数据类型,不能用作键,故本题选择 B 选项。

34. 答案:C

解析:输出列表的最大元素时,用到的是函数 max(ls),列表 ls 作为参数放在括号中。一定要注意调用函数和方法的格式区别,如选项 A 和 B 是调用方法的格式,而 max()是函数,故本题选择 C 选项。

35. 答案:A

解析:通过 ls.append(x)方法可以在列表 ls 最后增加一个元素 x,因此执行 ls.append("2023")后,列表 ls 变为['2022', 'Python', '2023']。执行 lis.append(ls)后,又将列表 ls 作为元素添加到 lis 列表中,因此 lis 列表变成[['2022', 'Python', '2023']],故本题选择 A 选项。

36. 答案:B

解析:将一个列表变量赋值给另一个列表变量不会生成新列表对象,两个变量同为一个列表数据的标签,ls1 和 ls2 指向的是相同的内容,对 ls2 进行排序后,ls1 也会同步改变,因此 ls1 中的元素也从小到大进行了排序,故本题选择 B 选项。

37. 答案:C

解析:列表 ls 中包含两个元素,每个元素也都是列表。双层 for 循环中,外层循环遍历 ls 中的元素,即 i 第一次取元素[1,2,3],第二次取元素[4,5,6]。当 i 为[1,2,3]时,进入内层循环,利用 i[j]将 i 中的元素依次取出并累加使得 s 变为 6;当 i 为[4,5,6]时,进入内层循环,依次取出元素并继续为 s 累加,得到 21,故本题选择 C 选项。

38. 答案:B

解析:本题中,str.join(iterable)方法的功能是返回由 str 值连接 iterable 中所有元素形成的新字符串;str.replace(old,new[,count])方法的功能是返回 str 的副本,其中前 count 个 old 值的子串被替换为 new 值的子串,如果 count 缺省,则替换所有 old 值子串;str.find(sub[,start[,end]])方法的功能是在切片 str[start:end]中查找 sub 值的子串,如找到,就返回第一次找到的 sub 值的索引,如找不到,就返回一1;str.split(sep=None,maxsplit=一1)方法根据 sep 值切分 str,得到若干子串,返回由子串组成的列表。因此,只有 split()方法返回列表数据类型,故本题选择 B 选项。

39. 答案:D

解析:通过 open()函数采用覆盖写方式打开文件 f.txt,再利用 join()方法将列表 ls 中的每个元素通过回车换行符连接成一个长字符串,采用 write()方法将字符串写入文件中,写进去的是字符串本身的内容,不带引号,故本题选择 D 选项。

40. 答案:B

解析:Python 中用来安装第三方库的工具是 pip,pygame 是一个专门用于多媒体开发的第三方库,pyinstaller 也是一个第三方库,它能在 Windows、Linux、Mac OS X 等操作系统下将 Python 源文件打包,PyTorch 是一个科学计算包,故本题选择 B 选项。

二、基本操作题

41.【参考答案】

```
n = eval(input("请输入正整数:"))
print("{:!<15,}".format(n))
```

【思路解析】

将从键盘输入的正整数按照要求格式输出,需要通过 format()方法实现。该方法的语法格式为:<模板字符串>.format(<逗号分隔的参数>),其中模板字符串规定了输出内容的格式,由需要原样输出的字符嵌入一些槽构成,而槽的格式又为:{<参数序号>:<格式控制标记>},其中<格式控制标记>依次包括<填充>、<对齐>、<宽度>、<分隔符,>、<.精度>、<类型>等 6 个字段,按照本题的要求,格式控制标记应为:!<15,,因此可将其填入本题空格处。

42.【参考答案】

```
import random
n = eval(input("请输入一个正整数:"))
random.seed(50)
for i in range(10):
    if i < 9:
        print(random.randint(10, n), end=",")
    else:
        print(random.randint(10, n))
```

【思路解析】

在指定范围内生成随机整数需要用到 randint() 函数,由于该函数在第三方库 random 中,因此需先将第三方库 random 导入。利用 seed(50) 函数初始化随机数种子后,即可用 randint(a,b) 函数生成在闭区间[a,b]的随机整数。输出的数字后用英文逗号分隔,并且最后一个数字后面没有逗号,因此,利用条件 i<9 判断当前数字是否为最后一个,结合选择分支结构完成是否需要加逗号的功能。

43.【参考答案】

```
s = input("请输入 4 个数字(空格分隔):")
ls = s.split()
x1 = eval(ls[0])
y1 = eval(ls[1])
x2 = eval(ls[2])
y2 = eval(ls[3])
r = pow(((x1-x2)**2+(y1-y2)**2), 0.5)
print("两点之间的距离为:{:.3f}".format(r))
```

【思路解析】

利用 input() 函数同时输入 4 个数字后,生成字符串 s,再将 s 采用 split() 方法结合空格字符进行切分,切分后生成列表 ls。接着通过索引号将列表 ls 中的每个元素读出,此时的元素仍为字符串,再利用 eval() 去掉外层引号,变为数值。因此,创建的变量 x1,y1,x2,y2 中分别存放着输入的 4 个数值数据。然后利用欧几里得距离公式计算(x1,y1)和(x2,y2)两个点的距离,将结果赋给创建的变量 r。最后利用 format() 函数的槽格式控制结果保留 3 位小数。

三、简单应用题

44.【参考答案】

```
import turtle as t
t.color("red", "gray")
t.pensize(3)
t.begin_fill()
for i in range(3):
    t.fd(100)
    t.left(60)
    t.fd(100)
    t.left(120)
    t.fd(100)
    t.left(60)
    t.fd(100)
t.end_fill()
```

【思路解析】

绘制图形时,要用到标准库 turtle,先将其导入并设置别称 t。图形边缘为红色,填充为灰色,在第一个空格处进行颜色设置,通过 color()函数完成,语句为 t.color("red","gray")。由于要绘制 3 个菱形图案,因此结合 for 循环结构绘制 3 次。绘制右上角菱形时,通过 fd()函数绘制第一条水平边,然后画笔向左转过 60°再利用 fd()函数绘制第二条边,接着画笔需要转过 120°绘制第三条边,因此第二个空格处的语句应为控制画笔向左转 120°,语句为 t.left(120),之后画笔继续左转 60°绘制出第四条边。绘制完第四条边后,第一轮循环结束,再次进入循环后,画笔不转向,径直向前绘制出下方菱形的第一条边,以此类推,直到绘制完 3 个菱形。另外,填充颜色时,需要借助 begin_fill()和 end_fill()函数,因此最后一个空格处的语句为调用 end_fill()函数,即 t.end_fill()。

45.【参考答案】

```python
data = input("请输入药品名称及销售数量:")
pharm_sale_dict = {}
while data:
    pharm, sale = data.split(" ")
    pharm_sale_dict[pharm] = eval(sale)
    data = input("请输入药品名称及销售数量:")
tmp = list(pharm_sale_dict.items())
tmp.sort(key=lambda x: x[1], reverse=True)
for i in range(len(tmp)):
    pharm, sale = tmp[i]
    print("{0:},{1:}".format(pharm, sale))
```

【思路解析】

首先定义一个空字典。当用户输入一条药品信息后,利用 split()方法将药品名称和销售数量分别存在两个变量中,再将存放药品名称的变量作为字典的“键”,将销售数量作为“值”,把药品名称和销售数量作为键值对存放到字典中。用户按 Enter 键,接收输入信息的 data 为空,此时 while 引导的循环结构停止,字典创建完毕。由于字典元素无序,无法根据销售数量从高到低排列,因此要将字典转换为列表,转换方法为:将字典的键值对利用 items()方法取出并结合 list()函数生成列表,列表中的每个元素对应字典中的一个键值对,此时每个键值对都是一个小元组。接着,利用 sort()方法对列表排序,排序的依据是每个元素当中包含的销售数量(即每个小元组中第二个位置的元素,对应索引号为 1),反向排序时,参数 reverse 设为 True。排序后,利用 for 循环将列表中的元素依次取出,并利用函数 print()输出即可。

四、综合应用题

46.【参考答案】

```python
import random
c_list = ["a", "b", "c", "d", "e", "f", "g", "h",
          "i", "j", "k", "l", "m", "n", "o", "p",
          "q", "r", "s", "t", "u", "v", "w", "x", "y", "z"]
c = c_list[random.randint(0, 25)]
count = 0
```

```
while True:
    c_input = input("请输入 26 个小写英文字母中的任意一个:")
    count += 1
    if c_input not in c_list:
        print("您输入的不是小写英文字母", end="!")
    else:
        if count > 5:
            print("猜测超过 5 次,本轮答题失败!")
            break
        else:
            if c_input == c:
                print("恭喜您猜对了,总共猜了", count, "次!")
                break
            elif c_input < c:
                print("您输入的字母排在该字母之前", end="!")
            elif c_input > c:
                print("您输入的字母排在该字母之后", end="!")
```

【思路解析】

首先创建一个由 26 个小写字母组成的列表 c_list,每个字母都对应一个索引号。然后利用 random 库中的 randint()函数随机生成[0,25]的任意一个整数,将其作为索引号取出列表中对应的小写字母,用户对该字母进行猜测,将自己猜测的字符通过键盘输入。程序对输入的字符进行判断:

(1) 如果输入的字符不是小写字母列表中的任意一个字符,则程序输出"您输入的不是小写英文字母!";

(2) 如果输入的字符是小写字母中的任意一个,则首先判断猜测的次数是否大于 5,若大于 5,则输出"猜测超过 5 次,本轮答题失败!"并退出程序;若小于或等于 5 次,则再将猜测的字符与随机抽取的字符进行比较,如果猜测的字符与随机抽取的字符刚好相等,则输出猜中提示信息并退出程序;如果猜测的字符与随机抽取的字符不相等,则输出它们位置前后关系的提示信息。

附录 C　全国计算机等级考试二级 Python 语言程序设计模拟练习二

一、选择题(每题 1 分,共 40 分)(不含公共基础知识考点)

1. 以下关于程序设计语言的描述,错误的是(　　)。

　A. Python 解释器将 Python 代码一次性翻译成目标代码之后再执行

　B. C 语言是静态编译语言,Python 语言是脚本语言

　C. 机器语言直接用二进制代码表达指令

　D. 汇编语言是直接操作计算机硬件的编程语言

2. 以下符合 Python 语言变量命名规则的是(　　　　)。

  A. 2a   B. for   C. !m   D. my_王

3. 以下不是 Python 语言运算符的是(　　　　)。

  A. **   B. !=   C. $ D. &

4. 以下关于 Python 语言的描述,错误的是(　　　　)。

  A. Python 支持中文等多语言字符

  B. Python 书写时通过严格的缩进格式增强了程序可读性

  C. Python 具有庞大的计算生态

  D. Python 是一种编译型语言,可在任何计算机上直接运行

5. 关于 Python 字符串的描述,错误的是(　　　　)。

  A. 可以通过字符串的 split() 方法生成列表

  B. 字符串不可以转换成整数类型

  C. 字符串属于序列类型

  D. 可以通过下标索引方式访问字符串中的任意字符

6. 可以判断变量 n 的数据类型的函数是(　　　　)。

  A. str(n)   B. eval(n)   C. type(n)   D. int(n)

7. 以下属于 Python 循环结构的关键字的是(　　　　)。

  A. loop   B. while   C. if   D. do

8. 以下代码的运行结果是(　　　　)。

```
print(int("20/3"))
```

  A. ValueError   B. "20/3"   C. 6   D. 6.6

9. 表达式 eval("print(3+2)") 的计算结果是(　　　　)。

  A. 3+2   B. 5   C. print(3+2)   D. "print(3+2)"

10. 以下不属于 Python 语言关键字的是(　　　　)。

  A. del   B. false   C. def   D. as

11. 表达式 5+4*(3*5−3%5)//2 的计算结果是(　　　　)。

  A. 29   B. 35   C. 25   D. 5

12. 若 Python 程序执行时产生了"unexpected indent"错误,则原因可能是(　　　　)。

  A. 代码中存在未定义的变量名

  B. 代码中存在书写错误的关键字

  C. 应该顶格写的代码前面多了空格

  D. 代码存在书写错误的运算符

13. 以下代码绘制的图形是(　　　　)。

```
import turtle as t
for i in range(1,5):
    t.fd(50)
    t.left(90)
```

A. 三角形   B. 正方形   C. 五边形   D. 五角星

14. 以下关键字不属于异常处理逻辑结构的是( )。

A. try   B. except   C. if   D. finally

15. 以下语句运行后的结果中不可能包含的选项是( )。

```
import random
print(random.randint(10,20))
```

A. 20   B. 24   C. 10   D. 18

16. 字符串 st="HelloWorld",能够取出子串 oW 的选项是( )。

A. print(st[-5:6])   B. print(st[5:6])

C. print(st[5:7])   D. print(st[4:5])

17. 以下语句的运行结果是( )。

```
ls=[x**2 for x in range(4)]
```

A. [2,4,6,8]   B. [0,1,4,9]   C. [1,4,9,16]   D. [0,2,4,6]

18. 对于列表变量 ls,以下描述错误的是( )。

A. ls.append(x):在 ls 列表的最后添加一个元素 x

B. ls.reverse():将 ls 列表中的元素反转

C. ls.copy():复制 ls 的所有元素生成一个新列表

D. ls.remove(x):删除 ls 中所有的 x 元素

19. 以下代码的运行结果是( )。

```
ls = []
for i in "我的":
    for j in "梦想":
        ls.append(i+j)
print(ls)
```

A. 我梦我想的梦的想   B. 我梦想的梦想

C. ['我梦','我想','的梦','的想']   D. 我的梦想

20. 以下关于 Python 选择分支的描述,错误的是( )。

A. if 选择分支结构可以嵌套

B. 每个 if 后面必须有 elif 或 else

C. 判断 if 后面的逻辑表达式,若表达式为真,则执行 if 后面的语句块

D. 选择分支结构要用缩进格式实现,缩进不正确会影响分支功能

21. 以下关于字符串类型操作的描述,正确的是( )。

A. upper(str)可以将字符串 str 中的字符都变为大写

B. str.isnumeric()方法可以将字符串 str 中的数字字符变为数字类型

C. 设 s="中国",则 len(str)函数的输出结果是 2

D. 设 s="aaa",则执行 s/3 时程序输出结果为"a"

22. 以下代码的运行结果是(　　　)。

```
print("{:@^9}".format("cat"))
```

    A. @@@cat@@@　　　　　　　　　　B. @@@@@@ cat

    C. cat@@@@@@　　　　　　　　　　D. @@@cat@@@@@

23. 若列表 ls＝[1,2，"1","2","3"]，其元素包含两种数据类型，则列表 ls 的数据组织维度是(　　　)。

    A. 一维　　　　　　B. 二维　　　　　　C. 多维　　　　　　D. 高维

24. 以下代码的运行结果是(　　　)。

```
ls = [[1, 2], "family", [[3, 4, "abcd"], 5], "ef"]
print(ls[2][0][2])
```

    A. "family"　　　　B. abcd　　　　　　C. 4　　　　　　　　D. "a"

25. 以下关于选择分支和循环结构的描述,错误的是(　　　)。

    A. 选择分支结构可以用 for 关键字实现

    B. 无限循环可以通过 while 实现

    C. break 可以终止循环

    D. continue 只结束本次循环

26. 以下关于 random 库的描述,正确的是(　　　)。

    A. random 库是 Python 的标准库,不用 import,可以直接使用

    B. random 库产生的随机数是真正完全随机的

    C. random 库中的 randint(a,b)函数可以随机生成一个(a,b)的小数

    D. random.seed()函数中,若种子相同,则生成的随机数序列相同

27. 执行以下代码时,输入字符串 ab 后,其运行结果是(　　　)。

```
k = 10
while True:
    s = input("请输入字符(输入 Q 时退出程序):")
    if s == "a":
        k += 1
        print("k=", k)
        continue
    else:
        k += 2
        print("k=", k)
        break
```

    A. k＝11　　　　　B. k＝12　　　　　C. k＝13　　　　　D. k＝14

28. 以下代码的运行结果是(　　　)。

```
a = 10
```

```
def func(n):
    global a
    for i in range(n):
        a += i
    return a
print(func(5))
```

  A. 20   B. 10   C. 25   D. 15

29. 执行以下程序，根据提示输入 1.2 并按 Enter 键后，运行结果是(　　)。

```
flag = 0
try:
    a = int(input("请输入一个正整数:"))
    print(type(a))
except:
    flag = 1
    print("输入不正确!")
print(flag)
```

  A. <class 'int'>   B. 输入不正确!
    1   1
  C. <class 'float'>   D. <class 'int'>
    1   0

30. 以下代码的运行结果是(　　)。

```
ls = [[1, 2], [3, 2], [3, 5]]
s = 0
for i in ls:
    for j in range(2):
        s += i[j]
print(s)
```

  A. [1,2,2,3,3,5]   B. 8
  C. 5   D. 16

31. 以下代码的运行结果是(　　)。

```
dic = {"草": "绿色", "雪": "白色", "花": "红色"}
print(dic["雪"], dic.get("花", "粉色"))
```

  A. 白色 粉色   B. 白色 红色
  C. 白色 绿色   D. 白色 白色

32. 以下代码的运行结果是(　　)。

```
ls1 = [1, 2]
ls2 = [4, 5]
print(ls1+ls2)
```

    A. [5，7]   B. [1，2]，[4，5]

    C. [4，5]   D. [1，2，4，5]

33. 以下代码的运行结果是(   )。

```
ls1 = [1, 2, 3]
ls2 = [4, 5, 6]
ls1 = ls2
ls1.append([7, 8])
func(ls2)
```

    A. [4，5，6，7，8]   B. [1，2，3，[7，8]]

    C. [4，5，6，[7，8]]   D. [1，2，3，7，8]

34. 以下代码的运行结果是(   )。

```
def f(x=3, y=2):
    return(x * y)
a = "abc"
b = 2
print(f(a, b), end=",")
```

    A. abcabc   B. abcabc,   C. abcabc,6   D. 6

35. 以下代码的运行结果是(   )。

```
d = {}
for i in range(10):
    d[chr(i+ord("a"))] = chr((i+2) % 10+ord("a"))
for s in "ajk":
    print(d.get(s, s), end="")
```

    A. clk   B. ajk   C. cbk   D. clm

36. 使用 pip 指令安装第三方库 wordcloud 的命令是(   )。

    A. install wordcloud pip   B. pip install wordcloud

    C. pip wordcloud   D. install pip wordcloud

37. 以下代码的运行结果是(   )。

```
ls = [2, 4, 6, 9, 1]
for i in ls:
    print(max(ls), end=",")
    ls.remove(max(ls))
```

    A. 9,6,4,   B. 9,6,4   C. 9,6,4,2,1,   D. 9,6,4,2,1

38. 以下不是文件读写方法的是(   )。

    A. readlines()   B. read()   C. write()   D. writeline()

39. 执行以下代码后,文件 f.txt 的内容是( )。

```
fi = open("f.txt", "w")
ls = ["C#", "Java", "VB", "Python"]
fi.writelines(ls)
fi.close()
```

    A. "C♯""Java""VB""Python"   B. C♯,Java,VB,Python

    C. C♯JavaVBPython   D. ["C♯","Java","VB","Python"]

40. 在 Python 语言中,包含矩阵运算的第三方库是( )。

    A. wordcloud   B. pygame

    C. numpy   D. wxPython

二、基本操作题(共 15 分)

41. 编写一个函数,使之能够实现字符串的反转,并将反转后的字符串以及字符串的长度输出在屏幕上,执行效果如下。

```
请输入一个字符串:adsefg!
字符串反转后为:!gfesda
字符串的长度为:7
```

♯请在程序的_____处使用一行代码或表达式替换

♯注意,请不要修改其他已给出的代码

```
def s_change(str1):
    return __(1)__
str1 = input("请输入一个字符串:")
print("字符串反转后为:",s_change(__(2)__))
print("字符串的长度为:",__(3)__)
```

42. 从键盘输入一个正整数 n,输出一个 n−1 行的由数字组成的三角形阵列。该阵列每行包含的整数序列是:从该行序号开始到 n−1 结束,例如 n 为 5 时,第 1 行包含 1~4 的整数序列,第 2 行包含 2~4 的整数序列,……,以此类推,执行效果如下。

```
请输入一个正整数:5
1 2 3 4
2 3 4
3 4
4
```

♯请在程序的_____处使用一行代码或表达式替换

♯注意,请不要修改其他已给出的代码

```
n = eval(input("请输入一个正整数:"))
for i in range(1,n):
    for j in range(1,n):
        (1)
```

```
            print(j,end=" ")
    (2)
```

43. 从键盘输入一个中文字符串变量 s,该字符串内仅包含中文顿号和句号两种符号。请将字符串 s 中的中文词语个数及其标点符号个数输出到屏幕,执行效果如下。

请输入一个中文字符串(包含顿号和句号):秋天的南京满眼都是金黄色、火红色和深绿色。
Building prefix dict from the default dictionary ...
Loading model from cache C:\Users\ADMINI~1\AppData\Local\Temp\jieba.cache
Loading model cost 0.876 seconds.
Prefix dict has been built successfully.
中文词语数:10
标点符号数:2

♯请在程序的_____处使用一行代码或表达式替换
♯注意,请不要修改其他已给出的代码

```
import jieba
s = input("请输入一个中文字符串(包含顿号和句号):")
    (1)
mark = ["、","。"]
count = 0
for i in m:
    if i in   (2)  :
        count += 1
print("中文词语数:{}".format(   (3)   ))
print("标点符号数:{}".format(count))
```

三、简单应用题(共 25 分)

44. 使用 turtle 库绘制圆弧及圆的组合图形,执行效果如下图所示。

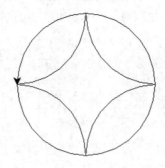

♯以下代码为提示框架
♯请在程序_____处使用一行代码替换
♯注意,其他已给出的代码仅作为提示,可以修改

```
import turtle as t
t.penup()
t.goto(-100,0)
    (1)
for i in range(4):
    t.circle(-100,  (2)  )
    t.right(  (3)  )
t.right(90)
t.circle(100)
```

45. 素数是指除 1 和自身外没有其他因子的数。从键盘输入两个大于 2 的整数 a 和 b(b>a),打印输出这两个整数之间(不包括这两个整数)的所有素数,并且每个素数之间用空格间隔,执行效果如下。

```
输入区间最小值:10
输入区间最大值:20
11 13 17 19
```

```
♯以下代码为提示框架
♯请在…处使用一行或多行代码替换
♯注意:其他已给出的代码仅作为提示,可以修改
```

```
a = int(input("输入区间最小值:"))
b = int(input("输入区间最大值:"))
for n in range(a+1,b):
    ……
```

四、综合应用题(共 20 分)

46. 某班级准备评选一等奖的奖学金,学生的 5 门主干课程的成绩存放在文件 course_score.txt 中,每行为一个学生的信息,记录了学生学号、姓名以及 5 门课程的成绩,学号、姓名和每门课程的成绩之间用空格分隔。文件 course_score.txt 的内容如下。

```
course_score.txt - 记事本
文件(F)  编辑(E)  格式(O)  查看(V)  帮助(H)
202101001 王小川 95 90 98 99 96
202101002 黄静雯 90 88 92 93 90
202101003 胡杨 85 90 96 88 78
202101004 李家豪 80 87 91 93 89
202101005 杨子瑞 57 85 92 85 80
202101006 李鑫 86 83 90 75 92
202101007 陈锐轩 70 86 88 75 90
202101008 宋佳琪 73 92 85 89 90
202101009 张嘉怡 82 91 93 91 90
202101010 邓文杰 55 85 91 80 75
202101011 王雅诺 77 81 88 89 76
202101012 陈润文 95 59 95 98 94
202101013 白晓静 50 85 62 83 77
202101014 张林 62 88 94 85 90
202101015 赵嘉嘉 91 85 95 86 93
```

从这些学生中选出奖学金候选人，条件如下。

（1）全部课程及格（成绩大于或等于 60 分）；

（2）5 门课程的总成绩排前 5 名。

问题 1：删除 5 门主干课程中任意一门不及格的同学，将剩余同学写入文件 candidate.txt 中，每行为一个学生的信息，记录学生学号、姓名、每门课程的成绩以及 5 门课程的总成绩，且它们之间用空格分隔。用记事本打开文件 candidate.txt，显示内容如下。

```
201101001 王小川 95 90 98 99 96 478
201101002 黄静雯 90 88 92 93 90 453
201101003 胡杨 85 90 96 88 78 437
201101004 李家豪 80 87 91 93 89 440
201101006 李鑫 86 83 90 75 92 426
201101007 陈锐轩 70 86 88 75 90 409
201101008 宋佳琪 73 92 85 89 90 429
201101009 张嘉怡 82 91 93 91 90 447
201101011 王雅诺 77 81 88 89 76 411
201101014 张林 62 88 94 85 90 419
201101015 赵嘉嘉 91 85 95 86 93 450
```

♯以下代码为提示框架

♯请在程序_____处使用一行代码替换

♯请在…处使用一行或多行代码替换

♯注意，其他已给出的代码仅作为提示，可以修改

```
lis = []
fo = open("course_score.txt","r")
fi = open("candidate.txt","w")
lines = fo.readlines()
for line in lines:
    ...
    for i in range(2,7):
        if int(student[i])<60:
            _____
        else:
            sum += int(student[i])
    else:
        student.append(str(sum))
        lis.append(_____)
for i in range(_____):
    fi.write(_____)
fo.close()
fi.close()
```

问题 2：读取上一步得到的文件 candidate.txt，将所有同学依据 5 门课程总成绩由高到

低排序,并将排名前五的学生信息写入文件 final_candidate.txt 中,每行写入一个学生信息,信息仅包括学号和姓名,且它们之间用空格间隔。用记事本打开文件 final_candidate.txt,显示内容如下。

```
202101001 王小川
202101002 黄静雯
202101015 赵嘉嘉
202101009 张嘉怡
202101004 李家豪
```

♯以下代码为提示框架

♯请在程序_____处使用一行代码替换

♯请在…处使用一行或多行代码替换

♯注意,其他已给出的代码仅作为提示,可以修改

```python
fo = open("candidate.txt","r")
fi = open("final_candidate.txt","w")
ls = []
lines = fo.readlines()
for line in lines:
    ...

_____
for i in _____:
    fi.write(_____)
fo.close()
fi.close()
```

参考答案及解析

一、选择题

1. 答案:A

解析:Python 语言是解释型的脚本语言,每次程序运行时随翻译随执行,而非一次性翻译成目标代码;静态语言一般都是编译执行,C 语言属于静态编译语言;机器语言是由二进制码组成的;汇编语言能够直接操作计算机硬件,故本题选择 A 选项。

2. 答案:D

解析:Python 标识符的命名可以使用字母、数字、下画线或汉字等字符,中间不能出现空格,但是不能以数字开头,并且不能是 Python 定义的保留字,故本题选择 D 选项。

3. 答案:C

解析:**属于数值运算符,x**y 表示 x 的 y 次幂;& 是按位与运算符;!=为不等于运算符,故本题选择 C 选项。

4. 答案:D

解析:Python 支持英文、中文等多种语言字符;Python 通过严格的缩进格式表示代码

从属关系,同时增强了程序的可读性;Python 拥有数十万第三方库,功能非常强大,计算生态丰富;Python 是一种解释型语言,每次运行时都需要解释器将源代码解释为机器码,编译型语言只需要一次编译即可多次运行;Python 不依赖平台,只要平台安装有解释器即可,故本题选择 D 选项。

5. 答案:B

解析:split()方法可以通过指定符号将字符串中的元素切分,得到若干子串,返回由这些子串组成的列表;序列类型包括字符串、元组、列表等;字符串中的字符是有序排列的,可以通过索引号访问任意字符;如果是由整数组成的字符串,则可以通过 int()函数将其转换成整数类型,故本题选择 B 选项。

6. 答案:C

解析:str()的功能是将参数转换为字符类型,eval()的功能是去掉参数的最外层引号,int()的功能是将参数转换为整数类型,type()的功能是求取参数的数据类型,故本题选择 C 选项。

7. 答案:B

解析:Python 循环结构有 for 和 while 两种类型,if 引导的结构为选择分支结构,故本题选择 B 选项。

8. 答案:A

解析:int()函数的功能是将参数转换为整数类型,当参数中包含有非数字字符时,程序会报错提示 ValueError,本题的字符串"20/3"中包含"/",不能转成数值,故本题选择 A 选项。

9. 答案:B

解析:eval()函数的功能是去掉括号中字符串最外层的引号,并按照 Python 语句方式执行去掉引号后的字符串内容。本题中,去掉引号后的语句为 print(3+2),该语句首先执行 3+2,计算得到 5,再通过 print()函数将 5 打印输出,故本题选择 B 选项。

10. 答案:B

解析:Python 3 版本中有 33 个关键字,从 Python 3.7 版本之后又增加了 2 个关键字,其中 True、False、None 这 3 个关键字的首字符大写,其余保留字都是小写字符,故本题选择 B 选项。

11. 答案:A

解析:Python 中提供的算术运算符包括+、-、* 、/、//、%、**、+(单目取正符号)、-(单目取负符号),其中优先级最高的是**。本题中先计算括号内的值,3 * 5-3%5 得到 12,再计算 4 * 12//2 得到 24,再加 5 最终得到 29,故本题选择 A 选项。

12. 答案:C

解析:当代码中存在未定义的变量名或书写错误的关键字时,程序运行出错,提示:NameError:name 'XXX' is not defined;若存在书写错误的运算符,则会提示 invalid syntax;当某行代码应该顶格写时,在代码的最前面加了空格,此时则会提示 unexpected indent 错误,故本题选择 C 选项。

13. 答案:B

解析:利用 turtle 库结合循环结构绘制图形,循环运行 4 次绘制了边长相等的四边形,并且画笔每次转过的角度都是90°,因此本题代码绘制了正方形,故本题选择B选项。

14.答案:C

解析:异常处理结构通常为try…except,或者try…except…else…finally,if引导的结构为选择分支结构,故本题选择C选项。

15.答案:B

解析:标准库 random 主要用于生成各种分布的伪随机数序列,其中的 randint(a,b)函数的功能是生成一个闭区间[a,b]的随机整数,故本题选择B选项。

16.答案:A

解析:通过字符串切片[m:n:k]操作,可以读取字符串中从 m 到 n(不包括 n)的以 k 为步长的子串,步长 k 的默认值为 1,m 和 n 可以混合使用正整数和负整数。st[−5:6]切片从 st[−5]对应的左数第一个"o"开始,到 st[6]终止,但是取不到该字符,因此可以取出"oW",故本题选择 A 选项。

17.答案:B

解析:列表的生成方法有很多种,其中一种是可以结合 for 循环结构生成若干数据作为列表元素,本题中循环结构执行 4 次,x 分别取 0、1、2、3,再对这些数字求平方后得到 0、1、4、9,它们就是列表的元素,故本题选择B选项。

18.答案:D

解析:ls.remove(x)的功能是将列表中出现的第一个元素 x 删除,其他方法的描述都是正确的,故本题选择 D 选项。

19.答案:C

解析:本题中,通过双层 for 循环结构向列表 ls 中添加元素,当外层循环 i 取字符"我"时,内层循环 j 分别取"梦"和"想",执行 i+j 做字符串连接,分别生成"我梦"和"我想"字符串;同理,当外层循环 i 取字符"的"时,内层循环 j 分别取"梦"和"想"生成"的梦"和"的想"字符串,再通过 append()方法将以上字符串添加到列表中,故本题选择 C 选项。

20.答案:B

解析:选择分支结构分为单分支 if…、双分支 if…else…和多分支 if…elif…else…,结构非常灵活,else 分支不是必须存在,可以根据题目的需求进行变通,因此不是每个 if 后面必须有 elif 或 else,故本题选择 B 选项。

21.答案:C

解析:将字符串中所有小写字符转换成大写的是 upper()方法,而非函数,方法的调用格式为 str.upper(),选项 A 中的格式是错误的;str.isnumeric()方法的功能是判别字符串 str 中的字符是否都是数字字符,若是,则返回 True,否则返回 False;字符串 s＝"aaa"不能进行/(除法)运算;字符串中的一个中文字符或西文字符长度都为 1,故本题选择 C 选项。

22.答案:A

解析:format()方法的语法格式为:<模板字符串>.format(<逗号分隔的参数>),其中模板字符串规定了输出内容的格式,由需要原样输出的字符嵌入一些槽构成,而槽的格式又为:{<参数序号>:<格式控制标记>},其中<格式控制标记>依次包括<填充><对齐><宽度><分隔符,><.精度><类型>等字段,本题中的填充字符为@,中间对齐,宽度为9,故本题选择 A 选项。

23. 答案：A

解析：二维数据由多个一维数据构成,可以看成一维数据的组合形式,本题中的列表 ls 虽然包含两种数据类型,但仍然是一维数据,故本题选择 A 选项。

24. 答案：B

解析：本题中,列表 ls 的元素又包含了列表,ls[2]取出[[3,4,"abcd"],5],再用索引号 0 取出其中的[3,4,"abcd"],继续用索引号 2 取出其中的"abcd",故本题选择 B 选项。

25. 答案：A

解析：for 关键字引导的结构是循环结构;当 while 关键字后面的条件始终为真,且循环体内没有终止循环结束的语句时,while 循环可以无限次执行;break 语句可以终止循环,但是 continue 只能结束本次循环,故本题选择 A 选项。

26. 答案：D

解析：random 库是 Python 自带的标准库,但是在用之前也要先通过 import 将其导入;random 库利用梅森旋转算法产生伪随机数序列,它们不是完全真正随机的;randint(a,b)函数生成在闭区间[a,b]内的随机整数;random.seed()函数可以初始化随机数的种子,若种子相同,则产生的伪随机数序列是相同的,故本题选择 D 选项。

27. 答案：B

解析：当输入 ab 时,变量 s 中存入"ab",不满足 if 引导的条件,所以执行 else 分支对应的语句,执行 k+=2 后 k 的值变为 12,利用 print 语句将其打印输出,之后遇到 break 语句,程序终止,while 引导的循环只做了一次,故本题选择 B 选项。

28. 答案：A

解析：调用函数 func(5)后,形参 n 的值为 5,函数体中的 a 被声明为全局变量,因此 a=10,for 循环执行 5 次,i 的值分别取 0,1,2,3,4,依次与 a 进行累加,循环结束后 a 的值变为 20,通过 return 语句返回,故本题选择 A 选项。

29. 答案：B

解析：当输入 1.2 时,利用 int("1.2")函数转换成整数,但因其包含"."非整数字符,导致异常发生,因此执行 except 分支,flag 被赋值为 1 且打印"输入不正确!",跳出 try…except 结构后,再打印 flag,故本题选择 B 选项。

30. 答案：D

解析：列表 ls 中的每个元素均为小列表,双层 for 循环结构中,外层循环控制 i 分别取到 ls 中的每个元素,内层循环控制 j 分别取到每个小列表中的元素,因此 s 就是所有元素的累加和,故本题选择 D 选项。

31. 答案：B

解析：本题中的 dic 是字典,可以通过索引"键"找到与之对应的值,如 dic["雪"]可以找到"雪"这个键对应的值"白色";dic.get(<key>,<default>)方法返回键"key"对应的值,若键不存在,则返回默认值,"花"是 dic 字典的一个键,相应的值为红色,故本题选择 B 选项。

32. 答案：D

解析：序列类型数据 ls1 和 ls2 进行 ls1+ls2 运算,表明做连接,故本题选择 D 选项。

33. 答案：C

解析：将一个列表变量赋值给另一个列表变量不会生成新列表对象，两个变量同为一个列表数据的标签，ls1 和 ls2 指向的是相同的内容，列表 ls1 添加元素[7,8]后变为[4,5,6,[7,8]]，因此 ls2 也同时变为[4,5,6,[7,8]]，故本题选择 C 选项。

34. 答案：B

解析：调用 f(a,b)函数时，形参 x 接收 a 的值"abc"，形参 y 接收 b 的值 2，执行 x＊y 后变为"abcabc"，并且将该值返回，利用 print()函数将其打印输出，打印后结尾添加逗号，故本题选择 B 选项。

35. 答案：C

解析：ord(x)函数返回字符 x 对应的 Unicode 码，chr(x)函数返回 Unicode 码 x 对应的字符。第一个 for 循环执行了 10 次，依次向字典中添加元素，如 i＝0 时，chr(i＋ord("a"))＝"a"，chr((i＋2)％10＋ord("a"))＝ chr(2＋ord("a"))＝"c"，此时字典 d 为{'a': 'c'}；同理，i＝1 时，执行语句后字典 d 变为{'a': 'c', 'b': 'd'}。以此类推，最后得到字典 d 为{'a': 'c', 'b': 'd', 'c': 'e', 'd': 'f', 'e': 'g', 'f': 'h', 'g': 'i', 'h': 'j', 'i': 'a', 'j': 'b'}。

d.get(＜key＞,＜default＞)方法返回键"key"对应的值，若键不存在，则返回默认值。本题执行第二个 for 循环时，分别寻找字母键 a、j 和 k 对应的值，其中字母键 a 和 j 对应的值为 c 和 b，由于字典中没有键 k，因此直接输出 k，故本题选择 C 选项。

36. 答案：B

解析：pip install package 为安装第三方库的命令，package 为第三方库名称，故本题选择 B 选项。

37. 答案：A

解析：for 循环执行一次，就会取出当前 ls 列表中的最大值，将其输出并且以逗号结尾，同时将其从列表中移除。第 1 次循环时，列表 ls 中的最大值为 9，输出 9 和逗号后，列表 ls 变为[2，4，6，1]；第 2 次循环时，列表中的最大值为 6，输出 6 和逗号后，列表 ls 变为[2，4，1]；第 3 次循环时，列表中的最大值为 4，输出 4 和逗号后，列表 ls 变为[2，1]。特别注意，循环执行时，无论 ls 怎么变化，i 总是按照位置顺序依次从 ls 中读取元素，尽管 ls 的长度不断变短，i 也总是从前往后依次读取其中的元素。当执行第 3 次循环后，i 已经读到列表 ls 中最后一个位置的元素，因此循环不再执行第 4 次，程序结束，故本题选择 A 选项。

38. 答案：D

解析：文件读取方法有 read()、realine()、readlines()，文件写入方法有 write()、writelines()，故本题选择 D 选项。

39. 答案：C

解析：通过 open()函数利用覆盖写模式打开文件 f.txt，然后采用 writelines()方法将列表 ls 写入文件中，列表中的所有元素写在一行且没有符号分隔，故本题选择 C 选项。

40. 答案：C

解析：第三方库 wordcloud 用于生成词云图，pygame 用于多媒体开发，wxPython 是 GUI 图形库，numpy 用于进行数值计算，可以用来存储和处理大型矩阵，故本题选择 C 选项。

二、基本操作题

41.【参考答案】

```
def s_change(str1):
    return str1[::-1]
str1 = input("请输入一个字符串:")
print("字符串反转后为:", s_change(str1))
print("字符串的长度为:", len(str1))
```

【思路解析】

在 print()语句中调用函数 s_change(),实参即字符变量 str1。在函数 s_change()内,将字符串 str1 进行反转,可以采用字符串切片方式,直接将步长赋值为−1,即可逆向取出字符串,再利用 return 将逆向取出的字符串返回并采用 print()方法打印输出,最后利用 len(str1)计算字符串的长度并打印输出。

42.【参考答案】

```
n = eval(input("请输入一个正整数:"))
for i in range(1, n):
    for j in range(1, n):
        if j >= i:
            print(j, end=" ")
    print()
```

【思路解析】

从键盘输入正整数后,通过 eval()函数去掉最外层的引号,转换为数值,赋给创建的变量 n。通过双层 for 循环实现打印,外层循环控制打印行数,内层循环控制每行打印数字的个数。由于每一行从本行的序号开始打印,因此 j 的值不能比 i 小,所以第一个空格处填写 j>=i。由于每一行打印后要换行,因此在内层循环执行完之后执行 print()。

43.【参考答案】

```
import jieba
s = input("请输入一个中文字符串(包含顿号和句号):")
m = jieba.lcut(s)
mark = ["、", "。"]
count = 0
for i in m:
    if i in mark:
        count += 1
print("中文词语数:{}".format(len(m)-count))
print("标点符号数:{}".format(count))
```

【思路解析】

首先导入中文分词工具 jieba 库,再利用库中的 lcut()方法对输入的中文字符串"秋天的南京满眼都是金黄色、火红色和深绿色。"进行切分,生成一个列表 m,m 中的元素为切分后的中文词汇以及标点符号,即['秋天', '的', '南京', '满眼', '都', '是', '金黄色', ',', '火红色', '和', '深绿色', '。']。要分别统计中文词汇个数以及标点符号个数,可以采用循环结构,依次读取列表 m 中的元素,如果元素为标点符号,则对 count 变量做累加,最终 count 变量的值就是标点符号的个数。列表长度减去 count 的值,就是中文词汇的个数。

三、简单应用题

44.【参考答案】

```
import turtle as t
t.penup()
t.goto(-100, 0)
t.pendown()
for i in range(4):
    t.circle(-100, 90)
    t.right(180)
t.right(90)
t.circle(100)
```

【思路解析】

绘制图形前,先将画笔抬起并移动到(−100,0)的位置,因此第一个空格应该为控制画笔落下的语句。图中有 4 条圆弧,结合 for 循环完成绘制。绘制圆或圆弧图形用到的方法为 circle(r,s),其中 r 为半径,s 为弧形角度,图中每条圆弧都为圆的四分之一,因此第二个空格处应该填写 90。绘制完每条弧形之后,应该让画笔转向相反方向继续绘制下一条,因此第三个空格应该控制画笔转过 180°。每次转向都通过 right()方法完成。绘制完 4 条圆弧后,最后再绘制外接圆。

45.【参考答案】

```
a = int(input("输入区间最小值:"))
b = int(input("输入区间最大值:"))
for n in range(a+1, b):
    for i in range(2, n-1):
        if n % i == 0:
            break
    else:
        print(n, end=" ")
```

【思路解析】

判断一个数是否为素数,如果除 1 和它自身外没有其他的因子,则该数即素数。本题要求输出两个整数(a 和 b)之间(不包括这两个整数)的所有素数,因此 range()函数的参数应为 a+1 和 b。题目需要用双层 for 循环结构完成,外层循环遍历需要考查的数,内层循环寻找该数可能存在的因子。如果有因子,则结束内层循环,继续执行外层循环考查下一个数;如果没有因子,则执行 else 分支,将该数打印输出。

四、综合应用题

46. 问题 1：

【参考答案】

```python
lis = []
fo = open("course_score.txt", "r")
fi = open("candidate.txt", "w")
lines = fo.readlines()
for line in lines:
    line = line.strip()
    student = line.split(" ")
    sum = 0
    for i in range(2, 7):
        if int(student[i]) < 60:
            break
        else:
            sum += int(student[i])
    else:
        student.append(str(sum))
        lis.append(student)
for i in range(len(lis)):
    fi.write(" ".join(lis[i])+"\n")
fo.close()
fi.close()
```

【思路解析】

用只读方式打开 course_score.txt 文件，用覆盖写方式打开 candidate.txt 文件。利用 readlines()方法将 course_score.txt 文件中的内容全部读出并生成列表，结合 for 循环结构依次读出列表中的元素（每个元素对应一位同学的信息），接下来对每个元素进行处理。

先利用 strip()方法将每个元素的左右空格删除，然后再采用 split()方法生成列表 student，如['202101001', '王小川', '95', '90', '98', '99', '96']，因为要累加该同学所有课程的成绩，所以先将累加和 sum 置为 0。累加所有课程的成绩时，采用 for 循环依次读取列表中存放成绩的元素，如果某门课程的成绩小于 60 分，则该同学没有参评资格，采用 break 语句停止循环，否则将所有成绩相加，累加和存在 sum 中，并且将该累加和添加到列表 student 的最后一个位置，如['202101001', '王小川', '95', '90', '98', '99', '96', '478']。至此，该同学的信息处理完毕，最后将列表 student 添加到列表 lis 中，即[['202101001', '王小川', '95', '90', '98', '99', '96', '478']]，lis 为二维列表。按照上述方法处理完所有学生的信息后，列表 lis 中每个元素均为一个小列表，每个小列表都对应一位同学的信息，小列表最后一个位置存放该同学的总成绩。

采用 for 循环结构，读出列表 lis 中的所有元素，每个元素又是一个列表，先利用 join()方法，将每个列表中的所有元素用空格相连，再连接换行符后生成一个长字符串，然后通过 write()方法将该字符串写入文件 candidate.txt 中。按照此方法，将列表 lis 中的所有元素都生成一个长字符串并写入文件中。

问题 2：

【参考答案】

```
fo = open("candidate.txt", "r")
fi = open("final_candidate.txt", "w")
ls = []
lines = fo.readlines()
for line in lines:
    line = line.strip()
    student = line.split(" ")
    ls.append(student)
ls.sort(key=lambda x: int(x[-1]), reverse=True)
for i in range(5):
    fi.write(" ".join(ls[i][:2])+"\n")
fo.close()
fi.close()
```

【思路解析】

用只读方式打开文件 candidate.txt，用覆盖写方式打开 final_candidate.txt。利用 readlines()方法读出 candidate.txt 中的所有内容生成列表 lines，结合 for 循环结构依次读出列表 lines 中的每个元素，如 202101001 王小川 95 90 98 99 96 478，利用 strip()方法将其左右空格删除，然后再采用 split()方法生成列表 student，如['202101001', '王小川', '95', '90', '98', '99', '96', '478']，再将其添加到新列表 ls 中，如[['202101001', '王小川', '95', '90', '98', '99', '96', '478']]，则 ls 为二维列表，其中每个元素均为一个小列表，该小列表存放每位同学的信息。

接着再对列表 ls 的元素反向排序，排序的依据为每个元素最后一个位置中存放的值（即每位同学的总成绩），反向排序时 reverse 参数设为 True。

然后结合 for 循环，遍历列表 ls 中的每个元素，每个元素对应的列表中存放着一位同学的信息，通过 ls[i][:2]只取出每位同学的姓名和学号，再利用 join()方法将它们用空格符号连接生成字符串，该字符串末尾再连接一个换行符生成最终的长字符串，最后将该长字符串用 write()方法写入文件 final_candidate.txt 中。

参 考 文 献

[1] 王霞，王书芹，郭小荟，等. Python 程序设计（思政版）[M]. 北京：清华大学出版社，2021.

[2] 董付国. Python 程序设计实验指导书[M]. 北京：清华大学出版社，2021.

[3] 嵩天. 全国计算机等级考试二级教程——Python 语言程序设计（2021 年版）[M]. 北京：高等教育出版社，2020.

[4] 王辉，张中伟. Python 实验指导与习题集[M]. 北京：清华大学出版社，2020.

[5] 未来教育教学与研究中心. 全国计算机等级考试上机考试题库——二级 Python[M]. 北京：新华出版社，2019.

[6] 张双狮. Python 语言程序设计[M]. 北京：中国水利水电出版社，2020.

[7] 刘凡馨，夏帮贵. Python 3 基础教程实验指导与习题集[M]. 北京：人民邮电出版社，2020.

[8] 黄天羽，李芬芬. 高教版 Python 语言程序设计冲刺试卷（含线上题库）[M]. 北京：高等教育出版社，2018.

[9] 嵩天，礼欣，黄天羽，等. Python 语言程序设计基础[M]. 2 版. 北京：高等教育出版社，2017.